／中国探月工程科学探测成果系列丛书／

嫦娥三号着陆区地形地貌

Topography of Chang'E-3 Landing Site

李春来　刘建军　任鑫　等 著

LI Chunlai　LIU Jianjun　REN Xin　et al

测绘出版社

SURVEYING AND MAPPING PRESS

内容提要

本书汇集了国家科技重大专项探月工程（二期）支持下取得的一系列成果。全书论述了历史上月面着陆区和嫦娥三号预选着陆区的概况，系统阐述了嫦娥三号任务涉及的地形地貌探测仪器、探测过程、数据获取及数据处理方法，最后详细介绍了嫦娥三号着陆区的地形地貌特征。

本书可供月球和深空探测领域从事行星地质、行星遥感和空间信息系统研究的科研人员、大专院校师生阅读参考。

嫦娥三号任务圆满成功，为我国航天事业发展树立了新的里程碑，在人类攀登科技高峰征程中刷新了中国高度。我们把"玉兔号"的足迹刻在了月球上，也把中华民族非凡的创造力刻在了人类文明发展的光辉史册上。嫦娥三号任务是我国航天领域迄今最复杂、难度最大的任务之一，是货真价实、名副其实的中国创造。取得这样的成就，最根本的一点，就是中国航天事业始终坚持自力更生、自主创新。中国是一个大国，必须成为科技创新大国。嫦娥三号任务圆满成功，既是落实创新驱动发展战略的重要成果，又为加快实施这一战略提供了有益经验。

摘自习近平2014年1月6日在会见嫦娥三号任务参研参试人员代表时的讲话

《中国探月工程科学探测成果系列丛书》序言

月球是地球唯一的天然卫星。40多亿年以来，月球是地球的忠实伴侣，伴随着地球共同经历荒古的演化过程，抵御小天体对地球的撞击，掀起汹涌澎湃的海洋潮汐。月球将圣洁的光辉洒向大地，自古以来，激起人们无限的遐想和憧憬，萌发出各种神话传说、宗教信仰、哲学思想、文学艺术和风俗传统，并为古代的历法编制、农耕时令和社会发展发挥过重要作用。

1609年，伽利略将刚发明的望远镜对准月球进行观测，标志着现代天文学的开始；1958年，苏联在人造地球卫星发射成功后，即将探索外层空间的雄心瞄准了月球，成功地发射了第一颗月球探测器，开创了人类探测太阳系的先河。1969年7月，美国阿波罗11号飞船成功登陆月球，实现了人类的登月梦想。

飞出地球，探索月球，也是中华民族的千年夙愿。2007年10月24日，"嫦娥一号"满载着中华儿女的梦想奔向月球，11月5日成功实现了绕月飞行；11月26日，"嫦娥一号"成功获得了第一幅月面图像，标志着我国首次月球探测工程取得了圆满成功。2007年12月12日，胡锦涛总书记在庆祝我国首次月球探测工程圆满成功大会上发表重要讲话指出："实施月球探测工程，是党中央、国务院、中央军委着眼我国社会主义现代化建设全局，把握世界科技发展大势，为推动我国航天事业发展、促进我国科技进步和创新、提高我国综合国力作出的一项重大战略决策"，"我国首次月球探测工程的成功，是继人造地球卫星、载人航天飞行取得成功之后我国航天事业发展的又一座里程碑，实现了中华民族的千年奔月梦想，开启了中国人走向深空探索宇宙奥秘的时代，标志着我国已经进入世界具有深空探测能力的国家行列。这是我国推进自主创新、建设创新型国家取得的又一标志性成果，是中华民族在攀登世界科技高峰征程上实现的又一历史性跨越，是中华民族为人类和平开发利用外层空间作出的又一重大贡献。"

我国首次月球探测工程的成功实施，不仅突破了一大批具有自主知识产权的核心技术和关键技术，取得了一系列重大科技创新成果，也带动了我国基础前沿研究和应用研究若干领域的深入发展，推动了信息技术和工业技术进步，促进了众多学科的交叉和融合。

对未知领域的探索，是人类社会发展进步的不懈追求。深空探测是航天高技术进步的重要推动力，更是人类探索太阳系、认知宇宙的主要途径，被赋予了明确的科学目标和艰巨的科学探索重任。绕月探测工程是我国开展深空探测的第一步，"嫦娥一号"是我国的第一个飞出地球的探测器，携带了8套科学探测仪器，经过一年四个月的在轨探测，获得了海量科学探测数据，取得了一系列的科学研究成果。同时，在国家中长期科技发展规划中，月球探测的后续工程已经明确，我国将向月球发射更多的轨道器、着陆器、月球车，并实现自动采集月球样品返回地球，持续获取月球探测数据甚至月球样品，必将持续产生大量、系统的科学研究成果。将我国月球探测的研究成果以系列丛书为平台集中体现，非常必要，也很有意义。

无限的未知世界，深邃的太空，是科学家遐想和探索的天地。我们相信，《中国探月工程科学探测成果系列丛书》能够承载广大航天科技工作者空间探索的累累硕果，推动空间科学、行星科学、月球科学和地球科学的交融和蓬勃发展，丰富我们对客观世界的科学认知，促进科学技术更好地服务国家、服务人民、服务人类。

孙家栋

2010年1月22日

前　言

　　嫦娥三号是我国探月工程"绕、落、回"三步走战略中承前启后的任务，主要目标是实现月面软着陆，开展月面就位探测和巡视探测，完成月表地形地貌与地质构造调查，月表物质成分和可利用资源调查，地球等离子体层探测和月基光学天文观测等科学探测。

　　探测器共配置8种有效载荷，着陆器搭载降落相机、地形地貌相机、极紫外相机和月基光学望远镜等4种有效载荷，巡视器搭载全景相机、测月雷达、粒子激发X射线谱仪和红外成像光谱仪等4种有效载荷。利用降落相机、地形地貌相机、全景相机、测月雷达、红外成像光谱仪和粒子激发X射线谱仪等科学载荷，开展着陆区地形地貌、浅层结构和物质成分探测，实现了"测月"；利用月基光学望远镜、极紫外相机等科学载荷，开展定点空间天文观测，实现"巡天与观地"。

　　2013年12月2日，嫦娥三号探测器从西昌卫星发射中心发射，并于12月14日成功着陆在月球雨海北部"虹湾预选着陆区"，标志着我国首次实现了在地外天体的软着陆。随后，嫦娥三号着陆器与"玉兔号"巡视器成功分离，各自开展月面探测工作，着陆器和巡视器上的有效载荷陆续开机探测，并获取科学探测数据。

　　嫦娥三号着陆器于2017年5月19日进入第43月夜休眠期，再次刷新国际上探测器月面工作时间最长纪录。在此前的43个月昼工作期间，嫦娥三号开展了"测月、巡天、观地"科学探测，取得了大量科学数据。同时，研究人员在月球地形地貌、浅表层地质结构、月基天文观测以及地球等离子体层观测等方面取得了一系列创新性科学研究成果。

　　本书利用嫦娥三号降落相机、地形地貌相机以及全景相机获取的探测数据，结合嫦娥二号CCD立体相机数据，对着陆区地形地貌特征进行了详细的分析和研究。研究成果不仅为嫦娥三号任务巡视器遥科学探测的工程实施提供了有力的技术支撑，也进一步深化了人们对嫦娥三号着陆区地形地貌特征的认识。

　　全书共3部分。第1部分"预选着陆区介绍"，论述了历史上的月面着陆区和嫦娥三号预选着陆区概况；第2部分"着陆区地形地貌探测"，论述了嫦娥三号形貌探测仪器、探测过程、数据获取及数据处理方法；第3部分"着陆区地形地貌特征"，论述了嫦娥三号着陆区地形地貌概况、环形坑和石块及其分布、车辙、羽流扰动区分布等特征，通过嫦娥三号着陆区形貌特征与其他月球探测任务着陆区的对比分析，深化对月表着陆区地形地貌特征的认识。

　　本书第1部分由李春来、刘建军撰写；第2部分由刘建军、任鑫、谭旭、严韦撰写；第3部分由李春来、任鑫、曾兴国、左维、刘宇轩、陈王丽、王文睿撰写。全书由李春来、刘建军、曾兴国统稿，李春来定稿。

　　本书涉及的数据处理工作，由任鑫、刘建军、谭旭、严韦、王文睿、张晓霞、曾兴国、陈王丽、高兴烨、刘宇轩、封剑青、张洪波、苏彦、温卫斌、张广良、耿良、孔德庆、朱新颖、王芳、付强、肖媛等完成；地图制作由曾兴国、刘宇轩、左维、严韦、王文睿、陈王丽、许学森、高兴烨、李路路等完成。在此深表感谢！

　　由于成书仓促，书中难免疏漏和不妥之处，敬请读者不吝指正。

《嫦娥三号着陆区地形地貌》
出版委员会

作　者	李春来	刘建军	任　鑫	左　维	曾兴国		
数据处理	任　鑫	刘建军	谭　旭	严　韦	王文睿	张晓霞	曾兴国
	陈王丽	高兴烨	刘宇轩	封剑青	张洪波	苏　彦	温卫斌
	张广良	耿　良	孔德庆	朱新颖	王　芳	付　强	肖　媛
地图制作	曾兴国	刘宇轩	左　维	严　韦	王文睿	陈王丽	许学森
	高兴烨	李路路					
文字编辑	李春来	刘建军	左　维	任　鑫	曾兴国		

目 录 CONTENTS

　　嫦娥三号任务是我国第一次在地外天体进行的软着陆和巡视探测创举，其科学目标包括月表地形地貌和地质构造调查、月表物质成分和可利用资源调查、地球等离子体层探测和月基光学天文观测。月球软着陆区的情况直接关系到月球探测器能否安全着陆，完成既定的科学探测目标，因此对于月球软着陆探测至关重要。为确保任务的成功实施，在任务开展之初，我们详细地研究了国外的月球探测历史，尤其是着陆区的选择和分布情况。根据科学和工程的要求，对多个月表区域进行了详细研究和分析，最终选定 42.6°N–45.6°N，18.2°W–34.6°W 这一区域作为嫦娥三号任务的预选着陆区。

1.1 历史上月面软着陆探测任务概况

月球软着陆探测可为月球科学研究提供最直接的第一手资料。软着陆这种身临其境的探测方式，在深度和精度上都比环绕器的遥感探测方式要深或高得多，而两者数据又可互相补充、互相验证。迄今为止，美国与苏联已向月球成功发射了 18 颗载人或不载人的软着陆探测器，获得了大量的就位实测数据与月球样品。

月面软着陆在空间探测上具有划时代的意义，人造物体的首次月球软着陆是在 1966 年 2 月 3 日由苏联的"月球 9 号 (Luna 9)"成功实现的。月面软着陆技术在月球探测中是最关键的技术，在月面软着陆实现之前，由于人们对月面的物质特性基本上一无所知，苏联和美国都经历了长时间的科学研究与技术积累、多次技术试验和着陆尝试，努力攻克这一技术难关。对月面环境特征（辐射、热流、区域性磁性、温度等），月面物质特性（硬度、承载力、冲击性能等），及月球车在月面行走的可能性进行了长时间的地面试验、地面和遥感探测，甚至发射硬着陆器进行测试。以苏联为例，从月球硬着陆（月球 2 号，1959 年 9 月）开始，经过环月飞行探测（月球 3 号，1959 年 10 月），到软着陆（月球 9 号，1966 年 2 月），花了 7 年多的时间，而为实现飞行器地月飞行后重返地球 [探测器 5 号 (Zond 5)，1968 年 9 月]、月球无人取样返回（月球 16 号，1970 年 9 月）和无人巡视探测（月球 17 号，1970 年 11 月）等技术仅花了 2 ~ 4 年时间，可见月球软着陆技术是月球探测中最关键的技术。

苏联在 1963 年 1 月至 1966 年 12 月间，先后发射了 13 次无人月球着陆探测器，但成功在月球实现软着陆的仅有 2 次（月球 9 号和月球 13 号）。之后，1970 年 11 月和 1973 年 1 月成功实现了 2 次月表软着陆（月球 17 号和月球 21 号），分别带有自动巡视的月球车 -1 号和月球车 -2 号探测器，各自在月面行走了 10.5 km 和 37 km。1970 年 9 月、1972 年 2 月和 1976 年 8 月苏联成功实现了 3 次月表软着陆，并自动取样返回地球（月球 16 号、月球 20 号、月球 24 号）。

美国在 1966 年 5 月至 1968 年 1 月间共发射了 7 个无人月球软着陆探测器，其中成功的 5 个是勘测者 (Surveyor) 1、3、5、6、7 号。美国没有发射自动巡视探测月球车，而是通过阿波罗 (Apollo) 飞船把宇航员送到月面上，由人驾驶月球车进行探测。在无人软着陆探测过程中，勘测者号系列探测器获得了大量的月面全景图像，分析了月表的地形、地貌及月壤的物理和化学特性，测量了月球重力场、磁场、温度、电磁辐射环境等相关探测信息，为载人登月作好了准备。之后美国在 1969 年 7 月至 1972 年 12 月间顺利实施了 6 次阿波罗载人登月探测。

在迄今为止的月球探测中，最重要的月球软着陆系列主要包括月球号、勘测者号和阿波罗号 3 个系列探测器。

1.1.1 月球号 (Luna) 系列

月球号是苏联两个月球探测项目中的第一个，也是最庞大的一个月球探测任务，延续时间从 1959 年到 1976 年，总共发射了 24 个探测器，实施了除载人登月外几乎所有方式的月球探测活动——飞越、硬着陆、软着陆、绕月、不载人取样返回、不载人月球车巡视勘察等。在月球探测早期，月球号系列探测器是近距离拍摄月球照片的主要来源，对了解月球地形地貌和环境作出了重要贡献。

月球号系列取得了巨大的成功，除载人登月外，几乎所有的无人月球探测技术都是由月球号系列第一个实现的：第一个月球探测器（月球 1 号）、第一次月球硬着陆（月球 2 号）、拍摄第一张月球背面照片（月球 3 号）、第一次月球软着陆（月球 9 号）、第一个月球环绕轨道探测器（月球 10 号）、第一次实现无人月球采样返回（月球 16 号）和第一次无人月球车巡视勘察（月球 17 号）。

1.1.2 勘测者号（Surveyor）系列

勘测者号是美国在 1966 年至 1968 年间实施的软着陆试验，该项目主要用于开展月面软着陆试验和探测月表环境，为阿波罗载人登陆进行技术准备。勘测者号系列先后发射了 7 次不载人的月面软着陆探测器（见表 1-1），其中 5 次（勘测者 1、3、5、6、7 号）成功着陆在月球表面，另 2 次失败。勘测者号系列除了进行月面软着陆试验和可能性研究等工程外，还获取了大量的月面及近月空间照片，为后续阿波罗计划提供了许多重要的科学技术信息和资料。勘测者号着陆器有 4 次（勘测者 1、3、5、6 号）着陆在月海区域，返回了大量着陆区的科学探测数据，如月面硬度、承载性、黏性、防震性、温度等资料，而勘测者 7 号则着陆于月球高地区域，提供了有别于月海区域的重要数据，特别是月球高地的物理特性资料。

1.1.3 阿波罗号（Apollo）系列

阿波罗号载人登月计划是美国基于 20 世纪 60 年代初在太空探测活动上落后于苏联而制定的庞大计划。该计划从 1963 年开始实施，到 1972 年结束，历时 10 年。出于政治因素，在当时许多技术难关尚未完全攻克、勘测者号系列探测活动尚未全面完成的情况下，美国于 1967 年仓促上马载人登月飞船阿波罗 1 号试验，导致三位宇航员牺牲。此后经过 2 年多的技术攻关及 5 次不载人的阿波罗飞船（阿波罗 2、3、4、5、6 号）在地球轨道飞行实验后，1968 年分别成功实现了阿波罗载人飞船在地球轨道（阿波罗 7 号）和月球轨道（阿波罗 8 号）的

飞行实验。为了进一步确保载人登月的成功实施，在阿波罗 11 号首次登月之前，1969 年 3 月和 5 月再次成功实施了阿波罗载人飞船在地月轨道（阿波罗 9 号）和月球下降轨道（阿波罗 10 号）的飞行实验。

1969 年 7 月，阿波罗 11 号载人飞船终于首次实现了载人登月并返回地球，着陆器在月面停留 21 小时 36 分钟，宇航员在月面工作了 2 小时 10 分钟，首次带回了 28 kg 月球样品。随后，阿波罗 12 号第二次载人登月，在月面停留 31 小时 31 分钟，宇航员工作约 8 小时，采集标本 34 kg；阿波罗 14 号第三次实现载人登月，月面停留 33 小时 30 分钟，宇航员工作 9 小时 22 分钟，采集标本 42.80 kg；阿波罗 15 号第四次载人登月，月面停留 66 小时 55 分钟，宇航员工作 18 小时 36 分钟，采集标本 77.5 kg，首次使用月球车辅助宇航员开展探测，月球车行程 27 km，首次从飞船上释放了子卫星；阿波罗 16 号第五次载人登月，月面停留 71 小时 02 分钟，宇航员工作 20 小时 14 分钟，采集标本 95.71 kg，月球车行程 27.1 km，并且从飞船上释放了子卫星；阿波罗 17 号第六次载人登月，月面停留 74 小时 59 分钟，宇航员工作 22 小时 05 分钟，采集标本 12.5 kg，月球车行程 36 km。

从国外月球探测的 18 个软着陆点经纬度及位置分布（见表 1-1 和图 1-1）可以看出，不论是苏联的月球号系列，还是美国的勘测者号系列和阿波罗号系列，全部着陆点都位于月球正面，即面向地球的一面。除了勘测者 7 号位于 41.01°S 外，其余软着陆点均选择在中低纬度地区，位于 10°S—40°N 之间。探测任务由易到难，着陆点的选择从月海边缘地势平坦区和高地平坦区到地形更为复杂的月面沟谷区和高地山系区。此外，除了阿波罗 16 号外，几乎所有的月球号和阿波罗号的着陆点都位于月海与高地的过渡地带。

表1-1　国外月球软着陆区分布情况

序　号	探测器	发射国家	发射时间	着陆点经纬度和地名
1	月球9号	苏联	1966.01.31	7.08°N, 64.37°W 风暴洋(Oceanus Procellarum)
2	月球13号	苏联	1966.12.12	18.87°N, 62.05°W 风暴洋 (Oceanus Procellarum)
3	月球16号	苏联	1970.09.12	0.68°S, 56.30°E 丰富海 (Mare Fecunditatis)
4	月球17号	苏联	1970.11.20	38.28°N, 35.00°W 雨海 (Mare Imbrium)
5	月球20号	苏联	1972.02.14	3.53°N, 56.55°E 丰富海 (Mare Fecunditatis)
6	月球21号	苏联	1973.01.08	25.85°N, 30.45°E 澄海 (Mare Serenitatis)
7	月球24号	苏联	1976.08.09	12.25°N, 62.20°E 危海 (Mare Crisium)
8	勘测者1号	美国	1966.05.30	2.47°S, 43.34°W 弗拉姆斯蒂德 P环形坑 (Crater Flamsteed P)
9	勘测者3号	美国	1967.04.17	2.94°S, 23.34°W 风暴洋 (Oceanus Procellarum)
10	勘测者5号	美国	1967.09.08	1.41°N, 23.18°E 静海 (Mare Tranquillitatus)
11	勘测者6号	美国	1967.11.07	0.49°N, 1.40°W 中央湾 (Sinus Medii)
12	勘测者7号	美国	1968.01.07	41.01°S, 11.41°W 第谷坑北缘 (Tycho North Rim)
13	阿波罗11号	美国	1969.06.16	0.67°N, 23.47°E 静海 (Mare Tranquillitatus)
14	阿波罗12号	美国	1969.11.14	3.01°S, 23.42°W 风暴洋 (Oceanus Procellarum)
15	阿波罗14号	美国	1971.01.31	3.64°S, 17.48°W 风暴洋弗拉·毛罗环形坑 (Oceanus Procellarum Fra Mauro)
16	阿波罗15号	美国	1971.07.26	26.13°N, 3.62°E 哈德利月溪 (Hadley Rille)
17	阿波罗16号	美国	1972.04.16	8.98°S, 15.50°E 笛卡儿高地 (Descartes)
18	阿波罗17号	美国	1972.12.07	20.19°N, 30.77°E 托罗斯-利特罗峡谷 (Taurus-Littrow Valley)

图1-1　月球号系列、勘测者号系列和阿波罗号系列月球软着陆点分布

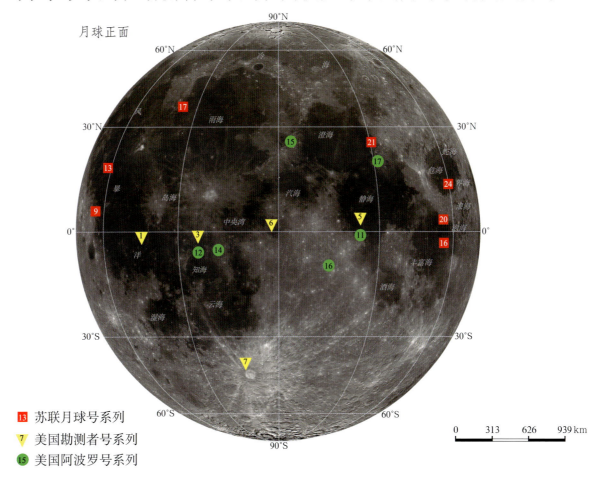

1.2 嫦娥三号预选着陆区概况

　　嫦娥三号月球软着陆区的选择对科学目标和工程目标的实现具有重要的意义。为了遴选出适宜的着陆位置，在工程可达性分析的基础上，我们分析对比了科学探测价值，结合国外历史探测经验，最终确定以 42.6°N–45.6°N、18.2°W–34.6°W 区域作为预选着陆区，并命名为虹湾预选着陆区。

　　如图 1-2 所示，虹湾预选着陆区位于雨海西北部，其西部和北部为侏罗山脉、雷克蒂山脉和雷克蒂 B 山脉，东部和南部为平坦的雨海，地形总体上没有大的起伏。

　　为详细研究预选着陆区的地形地貌特征，我们利用嫦娥二号的影像数据和地形数据，对预选着陆区的坡度、环形坑、石块和线性构造等信息进行了提取，详细分析了虹湾预选着陆区的地形、地貌、环形坑、石块（群）的分布态势和特征。

图1-2 虹湾预选着陆区地形

本图使用嫦娥二号20 m分辨率DEM地形数据制作。

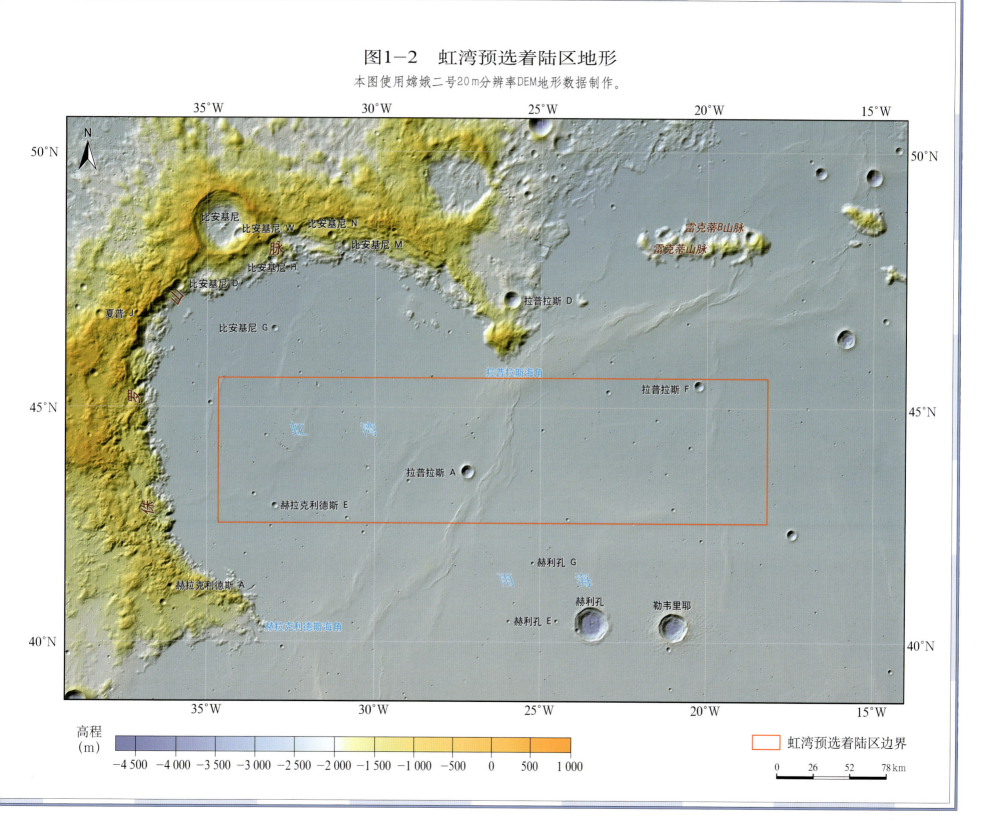

1.2.1　预选着陆区分析数据

　　采用的分析数据包括嫦娥二号 DOM 数据和 DEM 数据及部分 LRO（月球勘测环绕器）影像数据，相关数据特征如表 1–2 所示。虹湾预选着陆区的嫦娥二号 7 m 分辨率影像数据覆盖如图 1–3 所示，1.5 m 分辨率影像数据覆盖如图 1–4 所示，LRO 影像覆盖情况如图 1–5 所示。

表1–2　软着陆区数据收集汇总

数据来源		分辨率/m	范围	轨数	备注
CE–2（轨道高度 100 km 获得的影像）	DEM	20	42.6° N–45.6° N 18.2° W–34.6° W	25	全覆盖
	DOM	7	42.6° N–45.6° N 18.2° W–34.6° W	25	全覆盖
CE–2（轨道高度 15 km 获得的影像）	DEM	4	42.6° N–45.6° N 18.2° W–34.6° W	32	部分覆盖
	DOM	1.5	42.6° N–45.6° N 18.2° W–34.6° W	32	部分覆盖
LRO 影像		0.457~0.549 0.551~1.685	42.6° N–45.6° N 18.2° W–34.6° W	88 159	部分覆盖 部分覆盖

图1-3 虹湾预选着陆区影像（空间分辨率7m）

红框区域为预选着陆区内典型地形地貌特征，在7m分辨率影像上，环形坑等地理实体特征清晰。

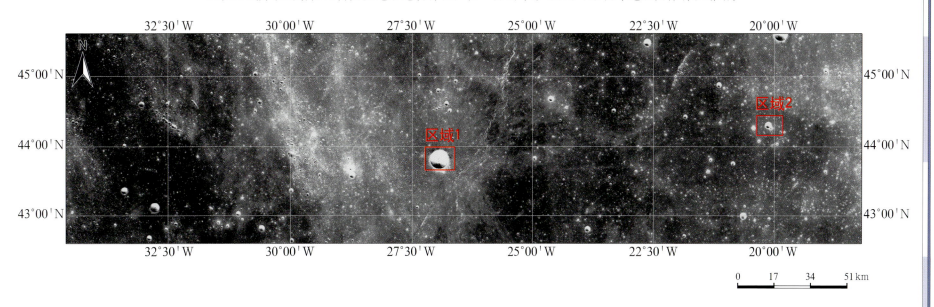

区域1

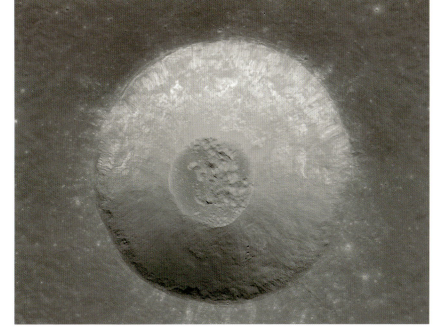

区域2

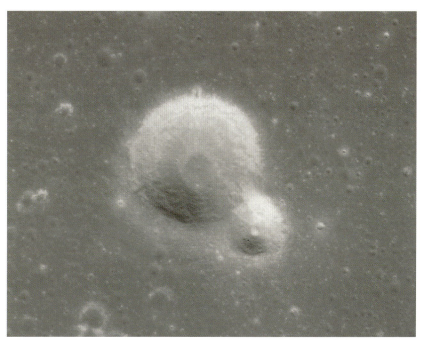

图1-4 虹湾预选着陆区影像（空间分辨率1.5 m）

红框区域为预选着陆区内典型环形坑地形地貌特征区，可在1.5m分辨率影像上清晰地看到环形坑的细节特征，甚至石块。

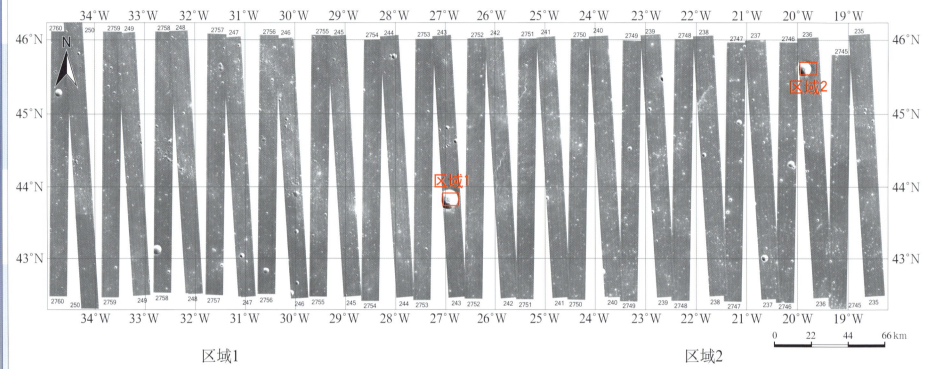

区域1

区域2

图1-5 虹湾预选着陆区影像数据覆盖情况

其中图(a)为虹湾预选着陆区内不同分辨率的LRO数据覆盖情况；

图(b)为虹湾预选着陆区内LRO数据和嫦娥二号高分辨率数据叠加覆盖情况。

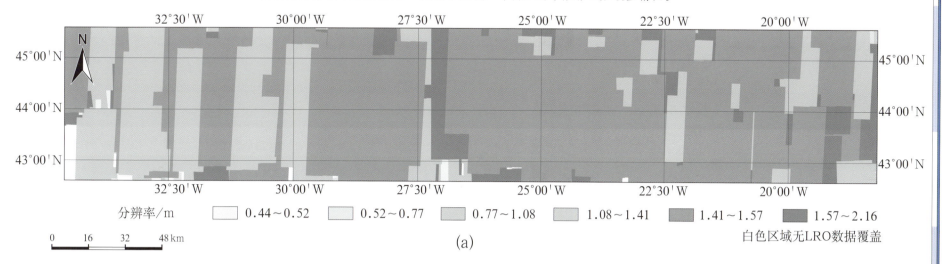

(a)

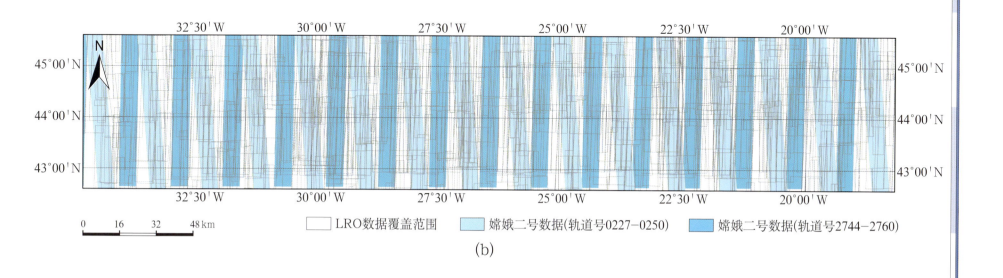

(b)

1.2.2　信息提取与分析

虹湾预选着陆区地形地貌信息提取与分析流程如图 1-6 所示，包括以下几个方面。

（1）数据处理：利用数字摄影测量的方法，完成了预选着陆区 7 m 空间分辨率的 DOM 数据、1.5 m 空间分辨率 DOM 数据，以及 20 m 和 4 m 空间分辨率的 DEM 数据制作，并进行了几何纠正，实现位置的精确配准，得到分析中需要的基础数据。

（2）地形地貌信息提取：利用空间分析和识别技术，实现对坡度、环形坑、石块（群）和线性构造等信息的提取。

（3）地形地貌特征分析：利用以上提取结果，统计分析虹湾预选着陆区的地形、地貌、环形坑、石块（群）的分布态势和特征。

以上述基础数据和分析结果为依据，结合嫦娥三号安全着陆的工程约束条件，在预选着陆区内进行着陆安全性分析。

图1-6　虹湾预选着陆区地形地貌信息提取与分析流程

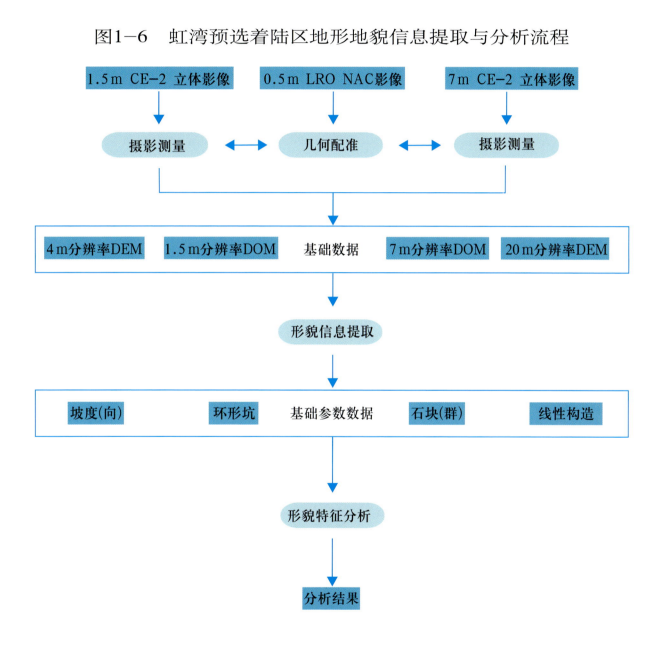

1.2.3 地形坡度分析

地形坡度代表了月球表面的倾斜程度，是月表形态特征的重要参数。在着陆器着陆和月球车巡视探测过程中，坡度对其安全性的影响较大，同时，坡度也会限制探测器对太阳能量的获取和与地球的通信。因此坡度的状况不仅影响着陆器和巡视器的安全性，同时也会影响探测任务的持续性。

基于嫦娥二号 DEM 数据，计算了预选着陆区 90 m 基线的坡度分布情况。计算结果如图 1-7 所示。

图1-7 预选着陆区坡度分布

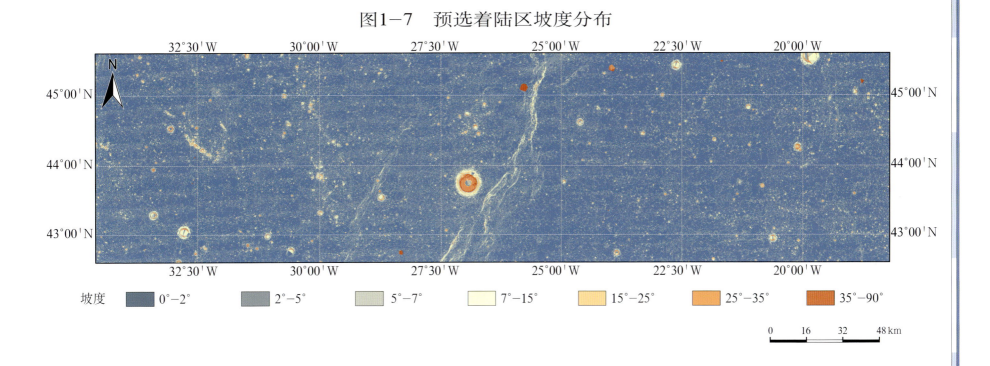

坡度   0°-2°   2°-5°   5°-7°   7°-15°   15°-25°   25°-35°   35°-90°

对预选着陆区进行坡度统计（见表1-3），结果表明该区域坡度平均值为2.22°，标准差为3.16°，坡度在2°以内的区域占72.6%，98.1%的区域坡度在10°以内，坡度较大的区域主要分布在拉普拉斯A和其他环形坑的内部。

根据探测器着陆的工程约束，坡度小于8°的区域适合软着陆，预选着陆区中符合软着陆条件的区域占97.2%，如图1-8所示。

表1-3　预选着陆区坡度统计

坡度范围/(°)	占比/(%)
0~1	49.3
1~2	23.3
2~5	20.0
5~8	4.6
8~10	1.0
10~20	1.4
20~30	0.3
>30	0.2

图1-8　坡度小于8°的预选着陆区分布

坡度小于8°的区域见白色区，坡度基线为90m。

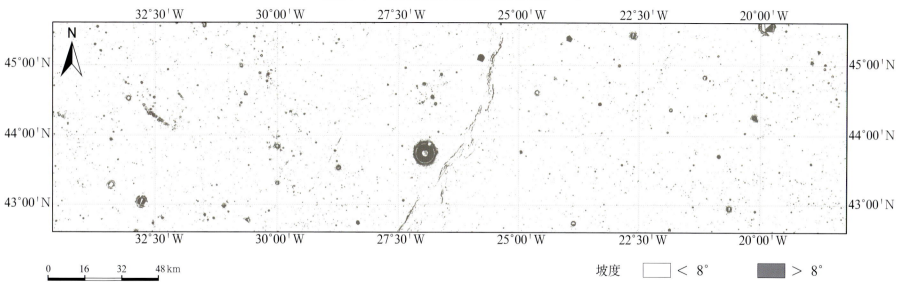

1.2.4　环形坑及其分布

月表分布着形状和大小不一的环形坑，它是影响着陆器安全着陆的重要因素。一方面环形坑区域坡度较大，且常分布大的石块，限制了着陆器的安全着陆；另一方面，如果着陆器降落在一定尺度的环形坑中，可能会限制巡视器的分离和巡视。基于嫦娥二号的 DOM 数据，识别和分析了环形坑的分布和形态特征。

利用嫦娥二号 7 m 和 1.5 m DOM 影像进行了环形坑提取，对直径大于 500 m 的环形坑采用计算机自动识别，直径小于 500 m 的环形坑，则采用自动与人工交互式提取。同时记录环形坑的位置和几何信息。

在预选着陆区中共识别出了 139 470 个直径大于 15 m 的环形坑。统计分析表明，这些环形坑中最大的直径为 8 201.4 m，其中，直径大于 100 m 的环形坑有 83 955 个，大于 1 000 m 的环形坑有 83 个。直径大于 100 m 的环形坑面积占预选着陆区总面积的 7.7%，其中直径 100 ～ 200 m 的环形坑面积占预选着陆区总面积的 3.1%，直径 200 ～ 500 m 的环形坑面积占 3.0%，直径 500 ～ 1 000 m 的环形坑面积占 0.8%，直径大于 1 000 m 的环形坑面积占 0.8%，如表 1-4 所示。

表1-4　预选着陆区环形坑面积比率统计

直径/m	面积/m²	占总面积/(%)	个数
100～200	1 011 082 086	3.1	66 591
200～500	979 131 588	3.0	16 507
500～1 000	251 521 208	0.8	774
>1 000	258 131 288	0.8	83
100 m以上总计	2 499 866 170	7.7	83 955

预选着陆区内直径大于 100 m 的环形坑提取结果如图 1-9，环形坑密度分布如图 1-10 所示。

图1-9 虹湾预选着陆区直径大于100 m的环形坑提取结果

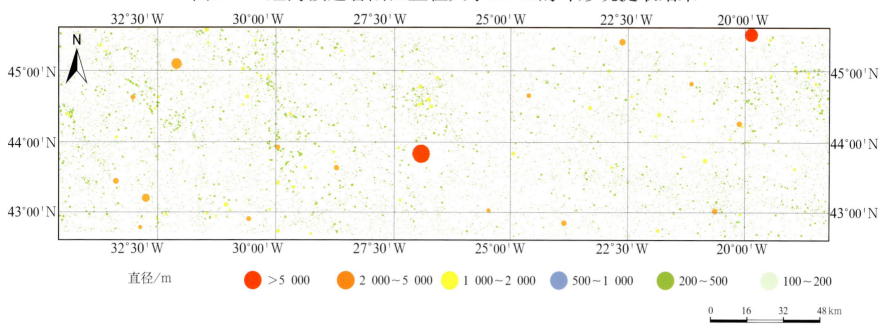

直径/m ● >5 000 ● 2 000~5 000 ● 1 000~2 000 ● 500~1 000 ● 200~500 ○ 100~200

0 16 32 48 km

图1-10 虹湾预选着陆区直径大于100 m的环形坑分布密度

本图的环形坑密度通过统计10 km×10 km范围内直径大于100 m的环形坑个数得到。

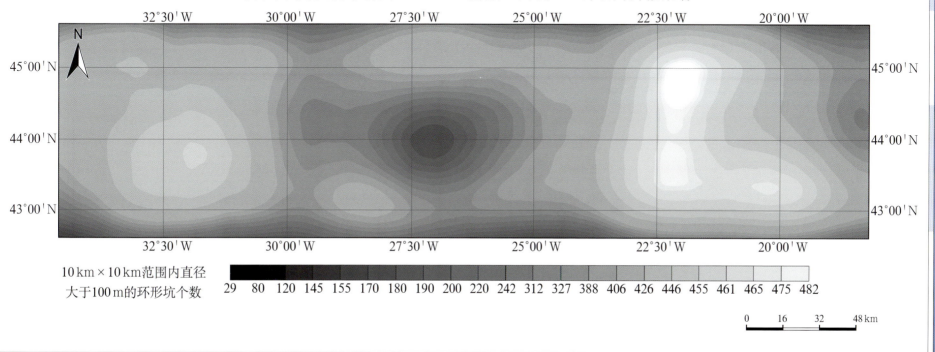

10 km×10 km范围内直径
大于100 m的环形坑个数

29 80 120 145 155 170 180 190 200 220 242 312 327 388 406 426 446 455 461 465 475 482

0 16 32 48 km

预选着陆区内环形坑的数量总体上与直径的大小成反比。对环形坑按照空间分布情况进行统计，发现直径小于1 km的环形坑占绝大多数，10 km×10 km范围内直径大于200 m的环形坑平均有53.4个，直径大于100 m的环形坑平均有258.4个，直径大于50 m的环形坑约有2 000个。

预选着陆区环形坑的分布总体上是均匀的。从图1-10来看，在预选着陆区的东部、中部和西部均有直径大于100 m环形坑分布密度较小的区域。通过缓冲区分析，从图1-11来看，半径1 km范围内无直径100 m以上环形坑的相对安全区域，多在预选着陆区的东部、中部和西部零星分布，仅占总面积的0.58%。

1.2.5 石块（群）

在环形坑形成的过程中会产生大量石块，分布在环形坑的底部、坑壁、坑缘及其周边地区。

与环形坑一样，石块也是影响着陆器安全着陆的重要因素，较大的石块既影响着陆器的安全降落，也影响巡视器的分离和行驶。利用高分辨率影像实现对石块的识别，有助于着陆点的选择。根据工程着陆约束条件，对巡视器可能构成威胁的石块直径为20 cm以上，但限于影像的分辨率和识别能力，目前的数据仅能分辨直径5 m左右及以上的石块。

我们选择了嫦娥二号1.5 m分辨率影像对直径5 m以上的石块进行了识别，并对分布较集中的石块群进行了标记，如图1-12所示。

图1-11　半径1 km范围内无直径大于100 m环形坑的区域分布（占0.58%）

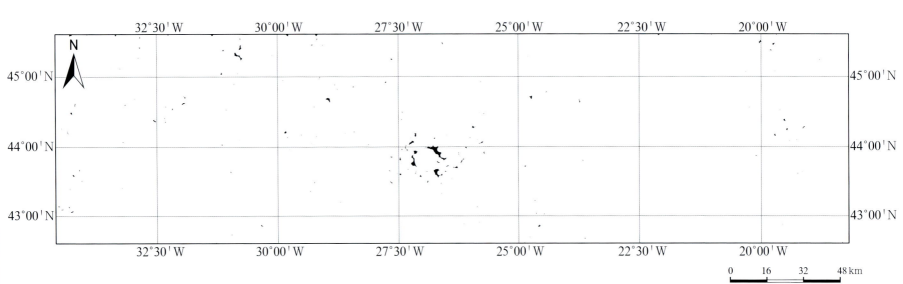

图1-12　嫦娥二号1.5 m分辨率影像标记的石块(群)

红框区域为石块群分布聚集区域，可在1.5m分辨率影像上清晰识别石块分布的细节特征。

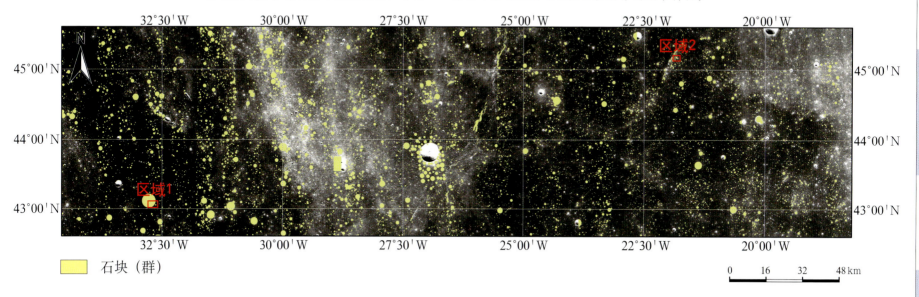

石块（群）

区域1石块(群)　　　　　　　　　　　　　区域2石块(群)

利用嫦娥二号 1.5 m 分辨率影像，在虹湾预选着陆区内共识别出 15 407 个大于 5 m 的石块（群），这些石块（群）的分布规律如下：

石块（群）集中分布在大的环形坑边缘和环形坑内部，环形坑内可识别的石块（群）数平均为 107 个（从 0 至 20 000 个不等），环形坑边缘石块（群）数平均约 17 个（从 0 至 4 000 个不等），环形坑内的石块（群）数是坑边缘数量的 5 倍以上。

石块（群）也密集成群地分布于环形坑辐射纹、线性构造（如山脉、海岭、月谷、月溪）等地貌单元，因此在搜索着陆区过程中，应避开这些地貌单元，以降低着陆时遭遇大石块的风险。

1.2.6 线性构造

除环形坑外，月球表面的山脉、海岭、月谷、月溪等线性构造也是影响探测器安全着陆的重要因素。

预选着陆区线性构造的识别，采用 7 m 分辨率影像、坡度和坡向数据，提取了长度大于 1 km 的山脉、海岭、月谷、月溪等的分布。

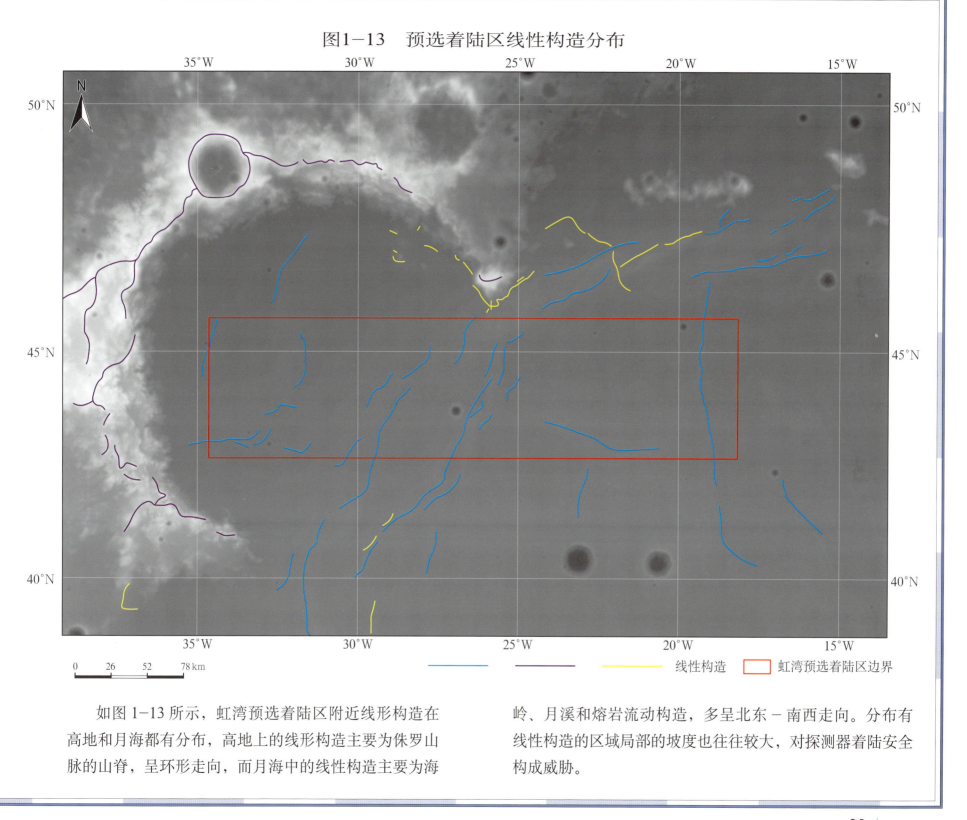

图1-13 预选着陆区线性构造分布

			线性构造	虹湾预选着陆区边界

如图 1-13 所示，虹湾预选着陆区附近线形构造在高地和月海都有分布，高地上的线形构造主要为侏罗山脉的山脊，呈环形走向，而月海中的线性构造主要为海岭、月溪和熔岩流动构造，多呈北东－南西走向。分布有线性构造的区域局部的坡度也往往较大，对探测器着陆安全构成威胁。

1.3 预选着陆区地形地貌特征及探测器着陆的安全性分析

为保障探测器安全着陆在月球表面，工程上对预选着陆区的地形地貌提出了几个限制指标，主要量化指标包括坡度不大于 8° 和着陆区内无直径 100 m 以上的环形坑。通过对坡度、环形坑、石块（群）和线性构造的识别，以及分布特征分析，预选着陆区地势整体平坦，坡度平均为 2.22°，适合嫦娥三号着陆器的安全软着陆。

根据探测器安全着陆的工程约束，坡度小于 8° 的区域占预选着陆区的 97.2%，无直径大于 100 m 环形坑的区域占预选着陆区总面积的 92.3%。综合考虑坡度小于 8° 和着陆区内无直径大于 100 m 环形坑的约束条件，满足条件的范围占预选着陆区的 89.8%，如图 1-14 所示。如果提高约束条件，1 km 范围内无直径大于 100 m 环形坑的区域占整个预选着陆区总面积的 0.58%，综合考虑坡度小于 8° 和 1 km 范围内无直径大于 100 m 环形坑的约束条件，满足条件的范围仅占预选着陆区总面积的 0.56%，如图 1-15 所示。

图1-14　坡度小于8°且无直径大于100 m环形坑的区域分布

灰色表示满足条件的区域，占预选着陆区总面积的89.8%。

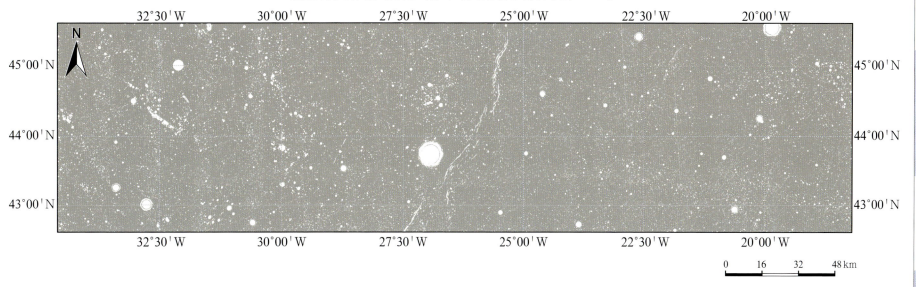

图1-15　坡度小于8°和1km范围内无直径大于100 m环形坑的区域分布

黑色表示满足条件的区域，占预选着陆区总面积的0.56%。

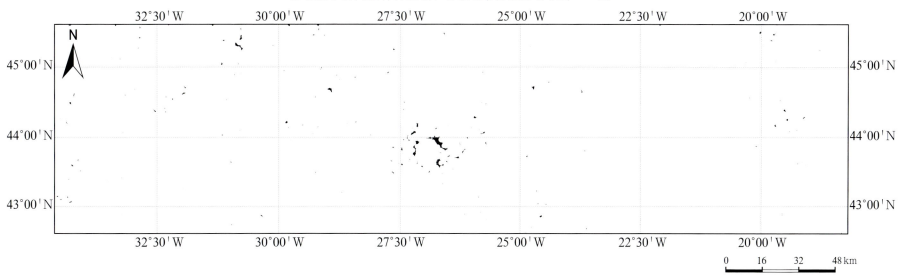

以上分析表明，虹湾预选着陆区地势总体平坦，满足坡度小于 8°且无直径大于 100 m 环形坑的适宜软着陆区域，占预选着陆区总面积的 89.8%。但大量尺寸不一的环形坑对软着陆区的选择会产生影响。当着陆区选择的工程约束条件越苛刻，适合软着陆的区域范围就越少。满足坡度小于 8°，且1 km 范围内无直径大于 100 m 环形坑的适宜软着陆区域，仅占预选着陆区总面积的 0.56%。鉴于当前工程约束条件和预选着陆区的地形地貌特征，要求着陆器具有自主避障能力。

第 **2** 部分

着陆区地形地貌探测

Chapter Ⅱ: Topography
Detection of Landing Site

嫦娥三号探测器由着陆器和巡视器（又称玉兔号）组成，分别搭载了4类科学仪器，实现"测月""巡天"和"观地"三项科学目标。探测器于北京时间 2013 年 12 月 14 日 21 时 11 分成功实施月面软着陆，降落在 44.12°N、19.51°W，降落点位于虹湾预选着陆区东部。嫦娥三号在落月的过程中，以及落月之后，利用携带的科学仪器，在着陆区域周边开展了大量的地形地貌探测工作。本部分主要介绍嫦娥三号着陆区地形地貌探测情况，包括搭载的探测仪器、探测过程和数据获取及着陆区地形地貌数据的处理情况。

　　嫦娥三号任务主要目标是实现月面软着陆，开展月面就位探测与巡视探测，实现着陆巡视区月表地形地貌与地质构造调查、月表物质成分和可利用资源调查、地球等离子体层探测和月基光学天文观测等科学目标。

　　为了实现上述科学目标，开展"测月""巡天""观地"等科学探测，嫦娥三号着陆器和巡视器上分别搭载了4类科学仪器，如表2-1所示。

表2-1　嫦娥三号科学探测任务和有效载荷配置

科学目标	科学探测任务	有效载荷配置	
		着陆器	巡视器
着陆区与巡视区月表地形地貌与地质构造调查	地形地貌三维成像就位探测；环形坑的精细调查与研究；月壤厚度与次表层物质结构探测；月球地质构造的综合性研究	降落相机、地形地貌相机	全景相机、测月雷达
着陆区与巡视区月表物质成分和可利用资源调查	化学成分的就位分析；矿物组成的就位分析；矿产资源和能源资源的综合研究	—	粒子激发X射线谱仪、红外成像光谱仪
地球等离子体层探测与月基光学天文观测	地球等离子体层极紫外成像探测；月基光学天文观测	极紫外相机、月基光学望远镜	—

　　为调查研究着陆区月表地形地貌和地质构造，嫦娥三号着陆器上搭载了降落相机和地形地貌相机，玉兔号巡视器上搭载了全景相机，对月球表面进行了精细探测。降落相机在着陆器动力下降过程中获取了着陆区月表图像；地形地貌相机在着陆后获取了着陆器周围月表地形地貌图像；全景相机在巡视器开展巡视勘察过程中获取了巡视器周围月表地形地貌图像。这些探测数据为着陆区月表地形地貌调查研究提供了丰富的图像资料。

2.1 地形地貌探测仪器

2.1.1 降落相机

在着陆器降落过程中，嫦娥三号降落相机获取了着陆区域的光学图像，用于着陆区地形地貌与地质构造的分析和研究，并为着陆点精确定位、巡视器路径规划和探测目标选取提供数据。降落相机的安装如图 2-1 所示，其主要性能指标如表 2-2 所示。

图2-1 降落相机安装

表 2-2 降落相机的主要性能指标

序 号	名 称	性能参数
1	波段范围	419 nm–777 nm
2	成像距离	4 m–2 000 m
3	视场角	45.3° × 45.3°
4	焦距	8.5 mm
5	相对孔径	1/4
6	有效像元数量	1 024 × 1 024
7	像点大小	6.7 μm
8	（自动）曝光时间	0.1 ms–60 ms
9	帧频	10 fps
10	（基于小波的压缩）压缩率	8∶1
11	量化值	8 bit
12	静态传函MTF	0.21
13	最大信噪比S/N	45 dB

2.1.2 地形地貌相机

地形地貌相机安装于嫦娥三号着陆器上，与降落相机和全景相机等有效载荷互相配合，共同完成月表地形地貌与地质构造调查的科学目标。地形地貌相机的安装如图 2-2 所示，其主要性能指标如表 2-3 所示。

图2-2 地形地貌相机安装

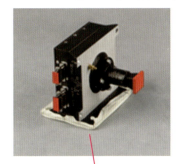

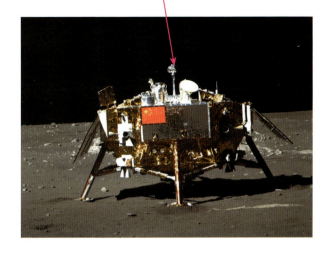

表 2-3 地形地貌相机的主要性能指标

序 号	名 称	性能参数
1	波段范围	419 nm-777 nm
2	颜色	彩色（R，G，B）
3	成像模式	静态拍照和动态摄影（可切换）
4	成像距离	≥5 m
5	有效像元数量	2 352×1 728
6	视场角	22.9°×16.9°
7	量化值	8 bit
8	信噪比S/N	≥40 dB（最大） ≥30（反照率0.09，太阳高度角30°时）
9	系统静态传函MTF	≥0.20（全视场）
10	图像压缩	2∶1（静态拍照） ≥16∶1（动态摄影）
11	帧频（动态摄影时）	5 fps～10 fps

2.1.3 全景相机

全景相机由两台相机构成，安装在巡视器桅杆上，如图 2-3 所示，两台相机的内扣角（相机光轴与巡视器正前方的夹角）为 1°，投影中心之间基线长度为 270 mm。桅杆顶部距离月面约 1.6 m，具有两个自由度，能够支持全景相机在水平方向进行 360° 范围的偏航及在垂直方向 ±90° 的俯仰转动。当巡视器在月面工作时，全景相机俯仰角按 -7° 和 -19° 进行两圈拍摄，偏航角间隔为 13°，每圈拍摄 28 对立体图像，共拍摄 56 对图像，对月表拍照的空间覆盖如图 2-4 所示。

全景立体成像采用双目立体成像原理，一次同时获取左、右两幅图像，构成一个立体像对；探测数据下传地面后，通过在立体像对上量取同一个目标的同名像点坐标，采用计算机视觉的方法，计算目标三维坐标。全景相机的主要性能指标如表 2-4 所示。

图2-3　全景相机安装

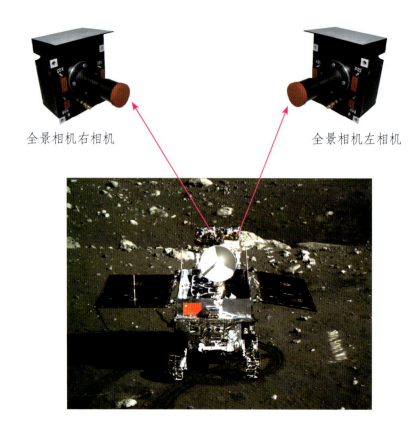

全景相机右相机　　　　　　　　　　　全景相机左相机

图2-4　全景相机环拍两圈的月面空间覆盖示意

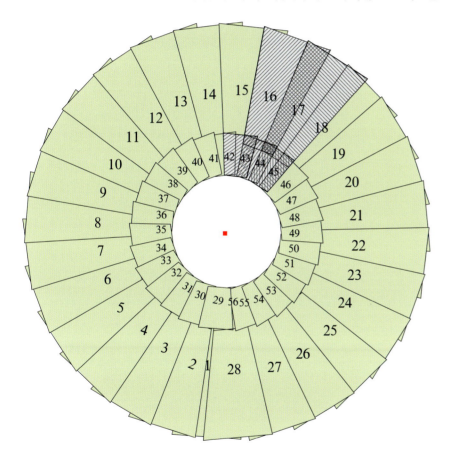

表2-4　全景相机的主要性能指标

序　号	名　称	性能指标
1	波段范围	可见光
2	颜色	彩色（R、G、B）
3	成像模式	彩色成像/全色成像（可切换）
4	成像距离	≥3 m
5	有效像元数量	2 352×1 728（彩色） 1 176×864（全色）
6	探测器像元大小	7.4 μm
7	视场角	19.7°×14.5°
8	量化值	10 bit
9	信噪比	≥40 dB（最大） ≥30 dB（反照率0.09，太阳高度角30°时）
10	系统静态传函MTF	≥0.20（全视场）

2.2 探测过程与数据获取

嫦娥三号着陆区地形地貌探测过程与数据获取分为动力下降段和月面工作段两部分。

2.2.1 动力下降段

2013 年 12 月 14 日 21 时，嫦娥三号开始实施软着陆，经过主减速段、快速调整段、接近段、悬停段、避障段、缓速下降段等过程（见图 2-5），成功实现了月面软着陆，着陆点位于雨海北部的 44.12° N，19.51° W 处。

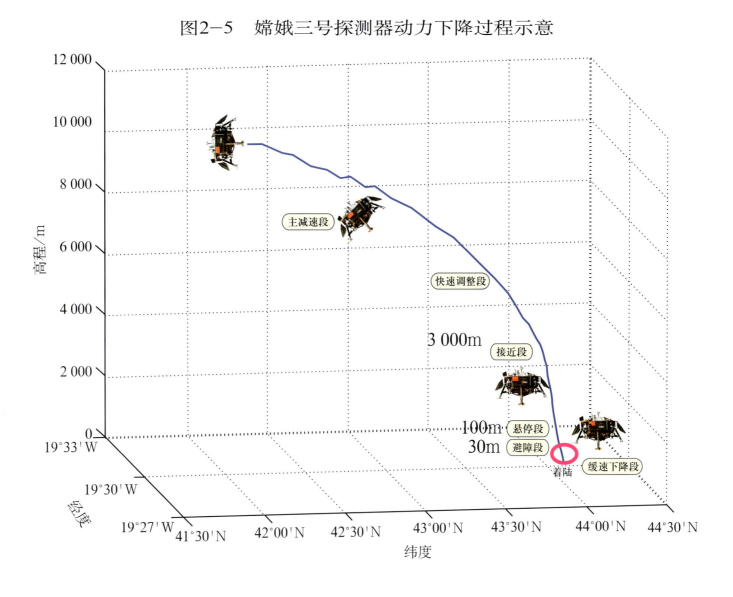

图2-5　嫦娥三号探测器动力下降过程示意

降落相机在动力下降段开机工作，开机总时长约为 7 分 47 秒，从不同高度连续获取月表图像数据，共获取了 4 673 幅图像，成像覆盖范围由上百平方千米缩小为数平方米，图像中心的像元分辨率由数十米变化到数毫米，如图 2-6 所示。

图2-6　嫦娥三号降落相机在着陆点附近获取的影像

图中红色五角星所处位置为嫦娥三号着陆点；背景图像（较暗）为嫦娥二号1.5m分辨率图像，图中下部较亮图像为嫦娥三号降落相机获取的部分图像，重采样分辨率约为0.1m。

★ 嫦娥三号着陆点

2.2.2 月面工作段

嫦娥三号探测器软着陆后，地形地貌相机和全景相机开展了着陆区和巡视区的地形地貌探测。

2.2.2.1 地形地貌相机获取了着陆区高精度的图像数据

地形地貌相机在两器分离后开始工作，获取月面彩色图像。该相机的设计寿命为一个月昼，共开机 70 余次，累计工作时长约 26 小时，完成了两器互拍、月面环拍和地球摄像三类图像获取工作。

地形地貌相机在不同时段对着陆器周围月表共进行了 2 次环拍，从 0°、−15° 和 −30° 等不同俯仰角度共获取了 658 幅月表静态图像。这些图像数据经过辐射校正、几何定位、彩色复原等预处理，以及全景镶嵌、动态视频制作等图像处理后，形成了辐射校正产品、几何定位产品和彩色图像产品，制作得到 2 幅全景镶嵌图像产品，并制作了巡视器原地转弯、月面行走、机械臂投放、桅杆运动等视频动画。嫦娥三号地形地貌相机拍摄的部分图像产品如图 2−7 所示。

图2−7 嫦娥三号地形地貌相机环拍部分图像产品

图（a）为360°全景镶嵌柱状投影图像；图（b）为着陆器正北部分图像；
图（c）为着陆器正东部分图像； 图（d）为着陆器正南部分图像；
图（e）为着陆器正西部分图像。

(a)

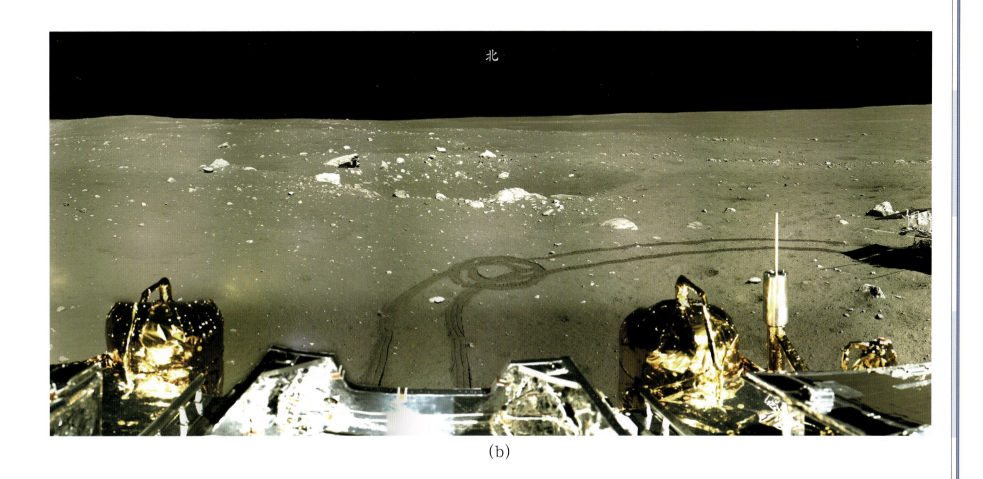

北

(b)

北   东

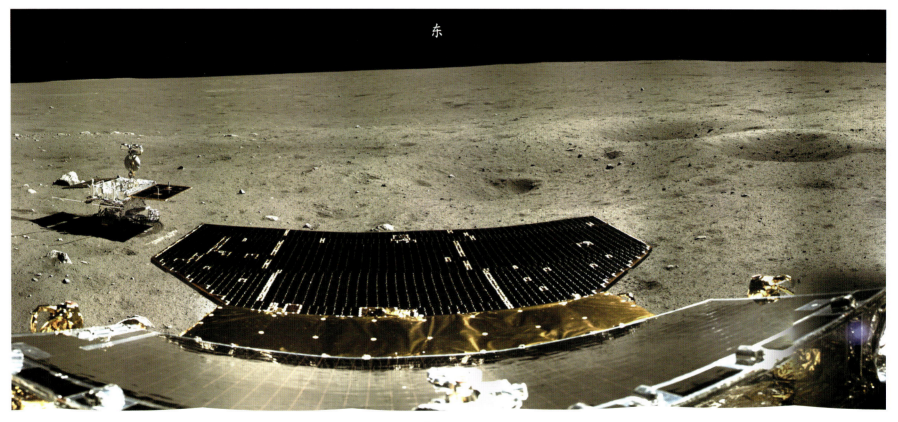

(c)

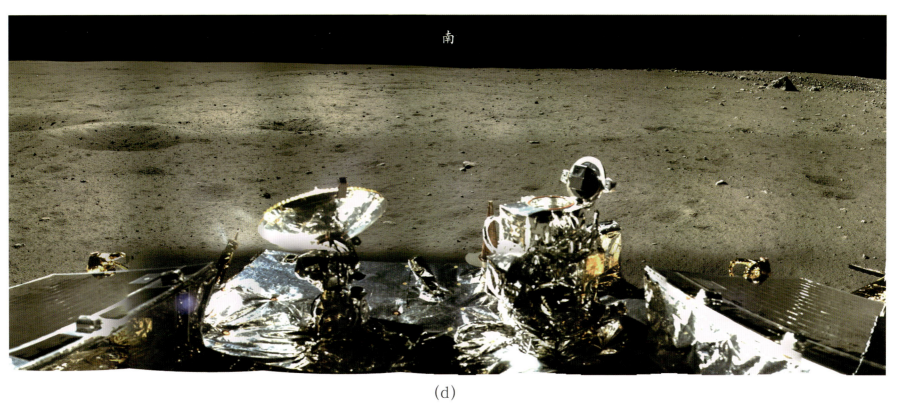

(d)

(e)

2.2.2.2 全景相机获取了巡视区的高清图像和高精度地形数据

　　嫦娥三号巡视器上搭载的全景相机在 5 个月昼中均进行了图像获取，共开机 17 次，累计工作时长约 10 小时。

　　月面科学探测期间，全景相机总共获取了 349 对图像，其中，在 4 个月面科学探测点（编号分别为 Y06、Y08、Y11 和 Y13），如图 2-8 所示，对巡视器周围月表进行了 5 次环拍，共获取了 112 对全色图像和 168 对彩色图像。每个探测点上的全景相机图像数据均与上一个探测点的图像数据保持一定的重叠度。

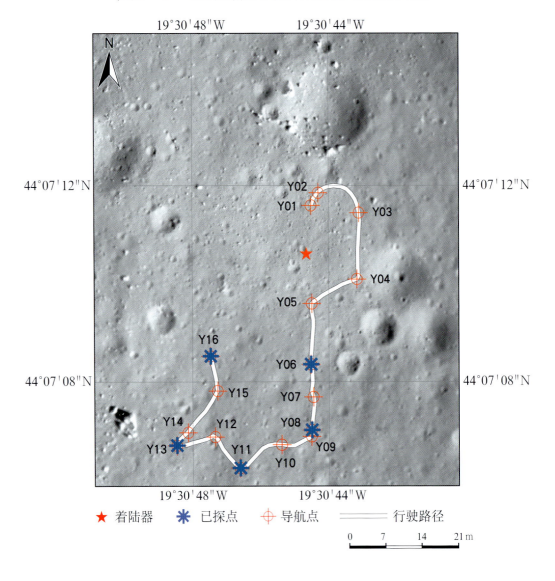

图2-8　巡视器路径和工作概况示意

★ 着陆器　　✱ 已探点　　⊕ 导航点　　═══ 行驶路径

　　地面应用系统对全景相机图像数据进行了辐射校正、几何定位、彩色复原等预处理，以及全景镶嵌、三维地形重建等图像深加工处理，共形成了349对辐射校正产品、349对几何定位产品、186对彩色图像产品、18对全景镶嵌产品、280个单视角和5个镶嵌DEM/DOM产品，可以满足工程及后续科学研究等的不同需要。

　　这些科学探测成果清晰地刻画了着陆点周围及巡视器探测路线附近的月表地形地貌特征，为巡视器月面科学探测过程中科学探测点的选取提供了依据，并为后期着陆区地形地貌特征、地质构造等相关研究提供了基础数据。

2.3 数据处理

2.3.1 数据预处理

在嫦娥三号任务中，我们利用地面应用系统北京密云站和云南昆明站，接收降落相机、地形地貌相机和全景相机的科学探测数据，然后对数据进行解调、帧同步、解扰和译码等信道处理，传输到地面应用系统总部进行数据预处理，数据预处理流程如图2-9所示。在此基础上，对全景相机立体像对进行近景摄影测量处理，获取巡视区的地形数据。以下重点介绍 2C 级数据产品中的颜色校正，以及利用预处理产品进行的地形数据重构处理。

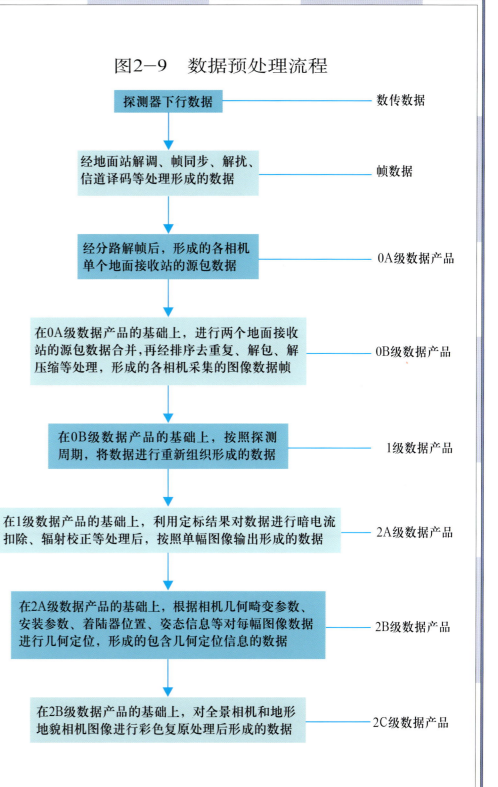

图2-9　数据预处理流程

探测器下行数据 —— 数传数据

经地面站解调、帧同步、解扰、信道译码等处理形成的数据 —— 帧数据

经分路解帧后，形成的各相机单个地面接收站的源包数据 —— 0A级数据产品

在0A级数据产品的基础上，进行两个地面接收站的源包数据合并，再经排序去重复、解包、解压缩等处理，形成的各相机采集的图像数据帧 —— 0B级数据产品

在0B级数据产品的基础上，按照探测周期，将数据进行重新组织形成的数据 —— 1级数据产品

在1级数据产品的基础上，利用定标结果对数据进行暗电流扣除、辐射校正等处理后，按照单幅图像输出形成的数据 —— 2A级数据产品

在2A级数据产品的基础上，根据相机几何畸变参数、安装参数、着陆器位置、姿态信息等对每幅图像数据进行几何定位，形成的包含几何定位信息的数据 —— 2B级数据产品

在2B级数据产品的基础上，对全景相机和地形地貌相机图像进行彩色复原处理后形成的数据 —— 2C级数据产品

2.3.2 颜色校正

全景相机和地形地貌相机都具有彩色成像的能力，在探测任务中获取了着陆器、巡视器和月表的彩色图像。

两台相机均采用CMOS(Complementary Metal-Oxide Semiconductor，互补金属氧化物半导体元件)作为图像采集传感器，在CMOS传感器表面覆盖Bayer颜色滤波阵列（Bayer Color Filter Array），图像阵列中的每个像元仅允许通过一种颜色分量，使得每个感光单元（像元）对应产生一种颜色分量的灰度值。在Bayer阵列中，绿色像元个数占一半，红色和蓝色各占四分之一，如图2-10所示。

图2-10　Bayer颜色滤波阵列

R代表红色分量,G代表绿色分量，B代表蓝色分量。

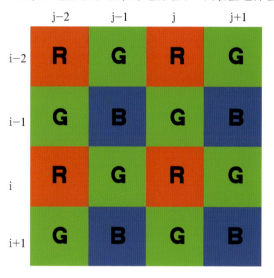

利用 Bayer 颜色滤波阵列的图像采集传感器，每个像素只能获取红、绿、蓝中的一种颜色分量。为了获得彩色图像，通过使用周围像元的颜色灰度值进行插值近似计算，得出每个像元缺失的另外两个颜色分量，此处理过程称为彩色复原，又称颜色插值。相机的颜色响应主要取决于外界光源、目标反射特性、相机光谱响应特性等三大要素。为了保证获取与人眼视觉感知一致的颜色效果，相机的颜色校正模型需要充分考虑相机光谱响应误差及外界光源对图像造成的影响。因此，从上述两个方面建立校正模型，并开展定标试验解算校正参数 (Haeghen et al,2000；Jackman et al,2012；Li et al,2008；Weerasinghe et al,2005)。

2.3.2.1 相机颜色响应误差校正

在外界光源和目标确定的情况下，相机的颜色响应只与相机自身光谱响应特性有关。两种相机的 CCD 探测器采用相同厂家的设备,它们的光谱响应函数一致(见图 2–11)。当相机的光谱响应函数与 CIE 标准观察者色匹配函数（见图 2–12）不一致时，会导致相机成像颜色与标准观察者感知的颜色产生偏差。我们通过针对相机光谱响应特性的颜色定标试验，获取了颜色校正系数，将相机颜色值还原为标准颜色值。在开展颜色定标试验过程中，采用了 CIE1931 标准观察者作为参考 (Sharma et al,2002;Valous et al,2009)。

图2–11　全景相机与地形地貌相机光谱响应特性曲线

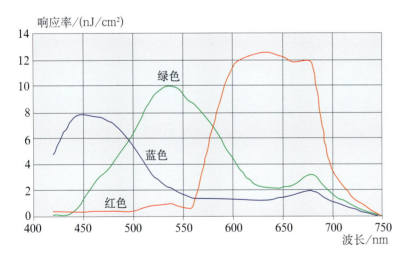

图2–12　CIE1931标准观察者色匹配曲线

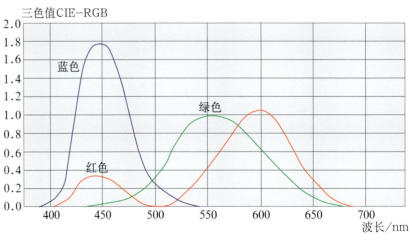

根据CIE S 014–2/E:2006/ISO 10526:2007(E)提供的数据绘制。

从图 2-11 和图 2-12 可以明显看出，相机的光谱响应与 CIE1931 标准观察者之间存在明显的差异，那么对同一目标颜色的观察值必然存在明显差异。为了方便数据处理，将 CIE XYZ 色度系统中的颜色值转换为 RGB 色度系统中的 R、G、B 颜色分量值进行表达（Bianco et al,2007），相机获取的目标颜色值（R_1，G_1，B_1）与 CIE1931 标准观察者观察到的颜色值（R_0，G_0，B_0）之间建立如下转换关系：

$$R_1 = A_{11} \times R_0 + A_{12} \times G_0 + A_{13} \times B_0$$
$$G_1 = A_{21} \times R_0 + A_{22} \times G_0 + A_{23} \times B_0 \qquad (2-1)$$
$$B_1 = A_{31} \times R_0 + A_{32} \times G_0 + A_{33} \times B_0$$

为了获取式 2-1 中的校正系数，按照 CIE 相关标准要求，搭建了颜色定标试验系统（见图 2-13），包括 CIE 标准光源（D65 灯箱）、标准色卡（24 色）、光谱仪等。D65 灯箱为目标物提供标准照明，标准色卡作为观察目标，光谱仪用来测量标准色卡的颜色值。根据 CIE 标准的相关要求（GB/T 3978-2008;GB/T 3977-2008），整个试验过程按照以下步骤完成：

（1）标准光照与观察几何下（45°入射角，0°出射角），利用相机获取标准色卡的图像数据；

（2）对原始图像进行颜色插值处理（Li,2005），得到原始彩色图像，量取色卡中每个色块的 R、G、B 颜色分量值，作为式 2-1 中的相机观测值（R_1，G_1，B_1）；颜色插值前需要对原始数据进行暗电流校正、相对定标处理，处理参数由相机的实验室定标试验给出；

（3）相同光照与观察几何下，利用光谱仪获取色卡中每个色块的光谱响应值，计算 XYZ 色度系统下的颜色值，并转化为 RGB 色度系统下的 R、G、B 颜色分量值（R_0，G_0，B_0），作为式 2-1 中的已知值；

（4）采用最小二乘原理，解算式 2-1 中的未知系数，即为相机的颜色校正系数。

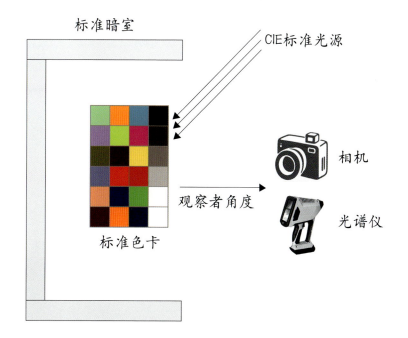

图2-13　全景相机与地形地貌相机颜色定标试验系统示意

2.3.2.2 光源影响校正

人眼对物体颜色的还原存在自动调节的适应性，在不同的光线条件下（主要是色温不同），对相同颜色的感觉基本是相同的。比如对于一个白色的物体，在早晨旭日初升时，我们感到它是白色的，在夜晚昏暗的灯光下依然感到它是白色的。但是，全景相机和地形地貌相机没有人眼的这种适应性，从而识别为不同的颜色。为了反应目标本身的颜色属性，需要进行白平衡校正处理，消除光照条件的影响。根据白平衡原理，各颜色通道响应值（R_2，G_2，B_2）经校正后应一致，即 R、G、B 分量值相等。以绿色分量为校正基准，数学关系式如式 2-2 所示：

$$R_2 = r \times R_1$$
$$G_2 = 1 \times G_1 \qquad (2-2)$$
$$B_2 = b \times B_1$$
$$R_2 = G_2 = B_2$$

白平衡试验过程与颜色校正试验相同，只是标准色卡换成了中性色（纯黑、纯白、纯灰）漫反射色标板，采用最小二乘原理解算校正系数 r 和 b。

2.3.2.3 颜色校正后图像质量评价

月面光照条件的变化、相机成像角度的不同、月表岩石与矿物分布和成分的不同，都会导致月面彩色图像的颜色效果存在差异，因此我们很难直接从全景相机和地形地貌相机的月面图像数据判断它们对月面环境彩色还原的真实性。但是，国旗的颜色值及其对人眼的视觉感知是已知的。选取两台相机在最理想成像位置处获取国旗彩色图像，并据此对相机颜色校正后的图像进行评价。

定量评价采用 CIE1976L*a*b 匀色空间色差公式 (GB/T 7921-2008;Sharma et al,2002)，计算样品色 (相机获取图像) 与标准色 (国旗颜色值) 之间的色差值，评价校正后的彩色图像颜色失真情况。色差计算过程中涉及的 CIE XYZ 颜色值与 RGB 颜色值的转换关系与文献 (Bianco et al,2007) 方法相同。

对在轨获得的全景相机和地形地貌相机图像进行颜色校正处理，可得到每个色块相机输出的 RGB 颜色值，并按照上述方法转换为 CIE1976L*a*b* 颜色值，该颜色值将作为样品色。在颜色对比时，采用中国测试技术研究院对国旗色块颜色的测量值作为标准色。

地形地貌相机拍摄巡视器国旗的最理想位置是玉兔号巡视器处于 Y02 点时，如图 2-8 所示。为了获取人眼视觉感知最佳的图像数据，在该位置处采用了 7 种曝光时间进行成像，选取人眼感知最好的一幅 (曝光时间为 12 ms,如图 2-14 所示) 进行颜色校正前后色差分析。全景相机拍摄着陆器国旗的最理想位置是玉兔号巡视器处于 Y05 点和 Y06 点时，如图 2-8 所示，分别采用了 4 种和 3 种曝光时间进行成像，从 Y05 点

和 Y06 点全景相机获取的图像数据中分别选取了一幅 (曝光时间均为 20 ms,如图 2-15 所示) 进行颜色校正前后色差分析，色差分析结果如表 2-5 所示。

图2-14　地形地貌相机彩色图像颜色校正前后对比

图(a)为Y02点处颜色校正前图像；图(b)为Y02点处颜色校正后图像。

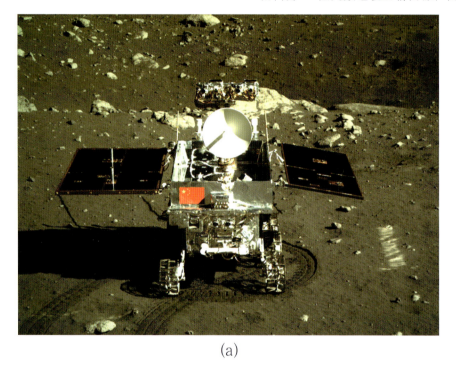

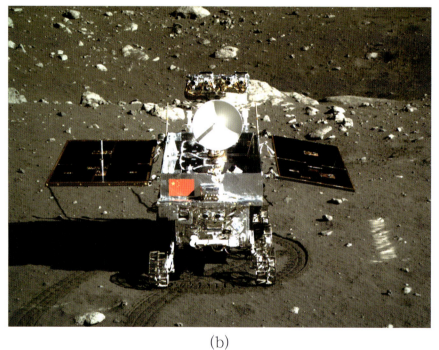

(a)　　　　　　　　　　　　　　　　　　　　(b)

图2-15 全景相机彩色图像颜色校正前后对比

图(a)、图(b)为Y05点处获取的图像颜色校正前后对比；图(c)、图(d)为Y06点处获取的图像颜色校正前后对比。

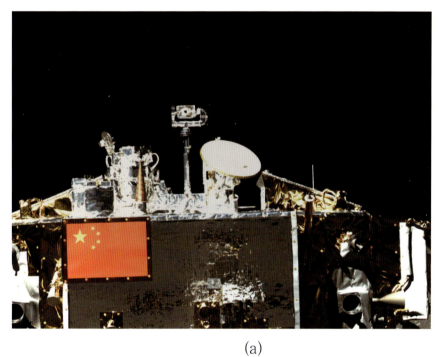

(a)

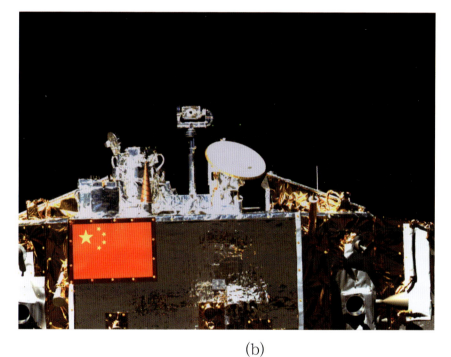

(b)

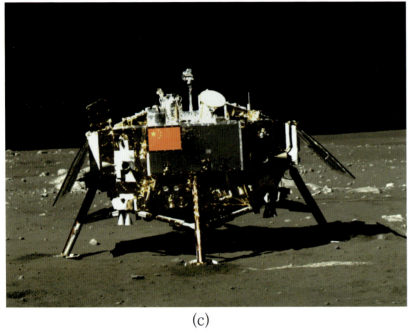

(c)

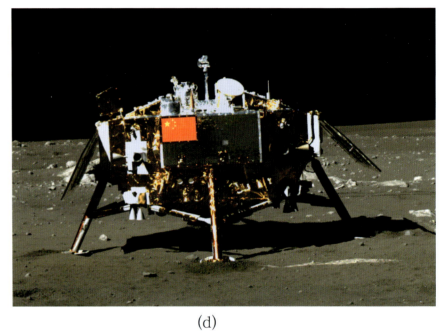

(d)

表2-5　全景相机和地形地貌相机在轨图像颜色校正前后色差分析

成像位置	相机	校正前色差	校正后色差	减少情况/(%)
Y02点	地形地貌相机	18.00	13.80	23.3
Y05点	全景相机左相机	26.89	18.64	30.7
	全景相机右相机	25.74	16.31	36.6
Y06点	全景相机左相机	23.27	13.94	40.1
	全景相机右相机	22.68	13.88	38.8

从图 2-14 和图 2-15 可知，校正后的颜色效果得到了明显改善，人眼视觉感知效果良好，比较接近国旗的真实颜色。从表 2-5 中可以看出，虽然颜色校正后仍然存在一定的色差，但是相对校正前的图像，效果得到明显地改善。

2.3.3 地形数据重构处理

2.3.3.1 处理过程

根据嫦娥三号全景相机的技术与性能指标，结合巡视器位置、姿态、桅杆偏航角和俯仰角等测量数据，我们采用近景摄影测量、计算机视觉的理论与方法，利用每个月面探测点上全景相机获取的立体像对数据，采用以着陆器中心为原点，以东北天方向为空间直角坐标系的三个方向 X、Y、Z 的坐标系统，完成了月表地形数据的处理，处理流程如图 2-16 所示。

图2-16　嫦娥三号全景相机三维地形处理流程

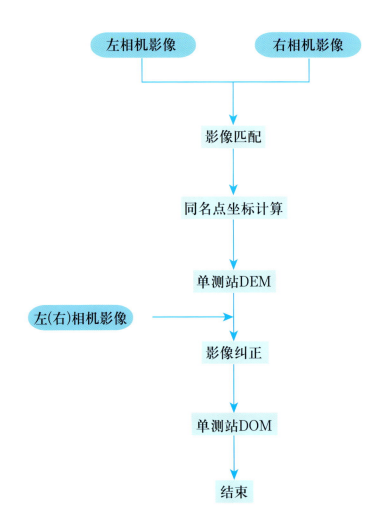

图 2-16 所示流程中，左右影像在匹配前均进行了辐射校正、几何畸变处理、彩色复原等图像预处理，并根据相机的内方位元素与几何畸变参数等进行了核线校正，生成用于图像匹配的核线影像。相机内方位元素与几何畸变参数通过地面标校试验获取，标校精度优于 0.3 像元。

影像匹配方面，首先采用 SIFT 算子和 Harris 算子相结合的算法，在左影像上提取可靠的图像特征点。然后，引入核线约束条件，采用最小二乘匹配的方法得到这些特征点在右影像上的同名像点，并利用这些特征点建立左右影像之间的变换关系。最后，采用物方匹配的方法，实现整个立体像对的高密匹配。从图 2-17 可以看出，匹配点在图中密度大、分布合理。

图2-17　匹配点分布

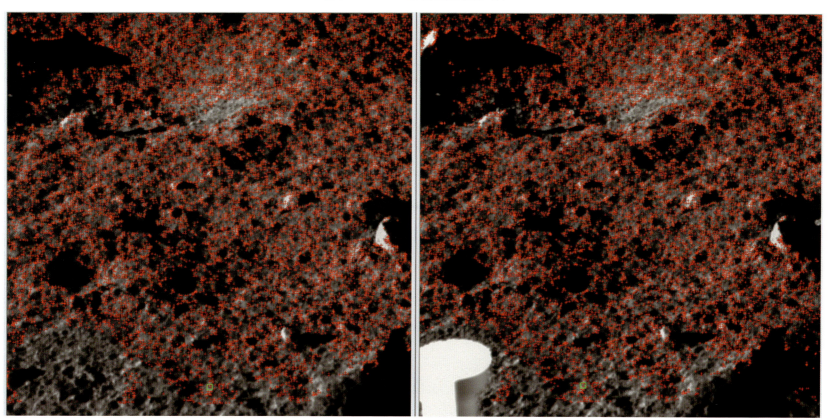

通过图像匹配得到的同名像点坐标为像素坐标，结合每个立体像对的外方位元素和内方位元素，采用近景摄影测量理论中的共线方程，计算每个同名像点对应的月面三维坐标。立体像对的外方位元素是根据巡视器的位置与姿态、桅杆的俯仰角与偏航角、相机内方位元素等测量数据，通过坐标转换得到的。

基于上述计算获得的高密度点云数据，采用三角网插值（TIN插值）方法进行插值处理，得到每个探测点上指定分辨率的DEM，DEM的最高分辨率可达到0.005 m。综合考虑嫦娥三号任务巡视器月面操作对地形精度的要求以及数据处理的时效性、存储方式等，任务执行过程中DEM的空间分辨率采用0.02 m。利用完成的DEM数据，结合影像的内方位元素、外方位元素等，采用近景摄影测量理论中正射纠正的方法，对全景相机左影像进行正射纠正处理，制作每个探测点上与DEM数据对应的DOM数据，DOM的最高分辨率可达0.005 m，在任务执行过程中使用的空间分辨率也采用0.02 m。DEM数据和DOM数据共同构成了每个探测点上的月表三维地形数据，将被直接用于后续月表地形地貌特征的研究。在不同的分析中，由于探测距离不同，采用不同分辨率的数据进行分析，而且探测距离越近，采用的分辨率越高。例如，在3.4节车辙分析中，车辙离玉兔号巡视器最近，因此使用了最高的0.005 m分辨率数据，而3.6节嫦娥三号周边地形地貌分析中，则采用了0.01 m分辨率的数据。图2-18是Y08探测点上全景相机的地形重构结果。

图2−18 巡视器在Y08探测点上的地形重构结果

图(a)为DEM晕渲图，图(b)为DOM图，分辨率都为0.02m（图中黑色区域为立体影像中被遮挡的区域）。

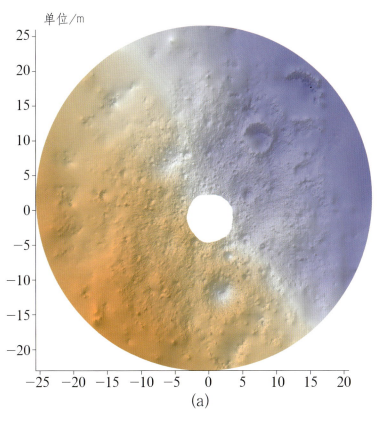

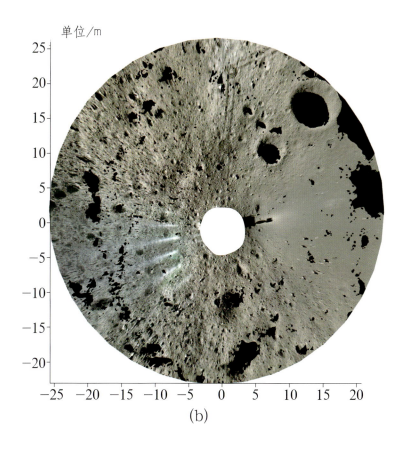

(a)

(b)

2.3.3.2 精度分析

全景相机地形数据精度评价主要通过探测点内相邻成像视角地形数据之间的位置偏差比较分析,与降落相机图像、LRO高分辨率遥感图像等进行比对分析的方式完成。

(1)探测点地形数据相对位置偏差分析

选取巡视器在 Y06 探测点上全景相机地形重构结果,分析相邻成像视角地形数据间的位置偏差情况。在相邻视角地形数据的重叠区域共选取了 24 个检查点,量测了这些检查点分别在相邻视角地形数据上的三维坐标,计算了相邻视角地形数据在这些检查点处的位置偏差,如表 2-6 所示。经统计,X 方向坐标最大偏差为 $-2.3\,\mathrm{cm}$,Y 方向坐标最大偏差为 $-2.8\,\mathrm{cm}$,均不超过两个像元(地形数据的空间分辨率为 $0.02\,\mathrm{m}$)。

表2-6 相邻视角地形数据位置偏差分析

序号	影像号	X/m	Y/m	Z/m	影像号	X/m	Y/m	Z/m	X方向偏差/像素	Y方向偏差/像素	Z方向偏差/像素
1	1	6.773	−16.945	−0.686	2	6.755	−16.945	−0.693	−0.9	0.0	−0.35
2	2	2.913	−18.529	−0.558	3	2.919	−18.547	−0.563	0.3	−0.9	−0.25
3	3	−2.592	−19.724	−0.145	4	−2.587	−19.698	−0.146	0.25	1.3	−0.05
4	4	−5.749	−16.823	−0.116	5	−5.742	−16.83	−0.107	0.35	−0.35	0.45
5	5	−6.396	−20.265	−0.021	6	−6.375	−20.272	−0.019	1.05	−0.35	0.1
6	6	−8.303	−21.407	0.114	7	−8.303	−21.435	0.121	0	−1.4	0.35
7	7	−16.143	−20.408	0.248	8	−16.143	−20.414	0.255	0	−0.3	0.35
8	8	−11.881	−24.719	0.181	9	−11.904	−24.715	0.177	−1.15	0.2	−0.2
9	9	−12.958	−29.854	0.351	10	−12.944	−29.854	0.363	0.7	0	0.6
10	10	−11.857	−32.93	0.391	11	−11.878	−32.925	0.39	−1.05	0.25	−0.05
11	11	−7.304	−32.519	0.117	12	−7.299	−32.524	0.117	0.25	−0.25	0
12	12	−5.846	−33.618	0.207	13	−5.83	−33.614	0.209	0.8	0.2	0.1
13	13	−3.601	−33.76	0.036	14	−3.601	−33.741	0.041	0	0.95	0.25
14	14	−2.022	−33.799	−0.104	15	−2.019	−33.82	−0.104	0.15	−1.05	0
15	15	−0.46	−34.858	−0.078	16	−0.461	−34.837	−0.08	−0.05	1.05	−0.1
16	16	1.7	−34.04	−0.287	17	1.698	−34.06	−0.29	−0.1	−1	−0.15
17	17	3.369	−34.282	−0.417	18	3.365	−34.258	−0.418	−0.2	1.2	−0.05
18	18	3.438	−31.42	−0.41	19	3.438	−31.42	−0.412	0	0	−0.1
19	19	4.641	−30.413	−0.443	20	4.632	−30.416	−0.433	−0.45	−0.15	0.5
20	20	5.078	−29.315	−0.736	21	5.09	−29.323	−0.74	0.6	−0.4	−0.2
21	21	5.779	−27.759	−0.686	22	5.799	−27.761	−0.684	1	−0.1	0.1
22	22	10.047	−25.764	−0.775	23	10.058	−25.756	−0.77	0.55	0.4	0.25
23	23	8.06	−24.26	−0.698	24	8.08	−24.259	−0.695	1	0.05	0.15
24	24	7.46	−21.86	−0.691	25	7.44	−21.86	−0.698	−1	0	−0.35

影像号相邻的地形数据视角也相邻。

（2）与降落相机图像上距离量测结果的比对分析

以嫦娥二号高分辨率影像（空间分辨率为1.5m）作为位置基准，对嫦娥三号降落相机获取的图像数据进行几何配准处理，制作了降落相机着陆区高分辨率镶嵌影像图（空间分辨率为0.1m）。选取全景相机在Y08探测点上获取的DOM数据作为分析对象，分别在降落相机镶嵌影像图和全景相机DOM数据上，对7个相同环形坑进行了标注，同时在降落相机镶嵌影像图上对巡视器附近小坑C0进行了标注，如图2-19所示，然后量算C0与这7个环形坑中心位置之间的距离，计算了两种数据量算距离结果的偏差，结果如表2-7所示。

经统计，距离偏差最大值为0.6m，最小值为0.1m，相对偏差最大值为2.75%，且距离偏差大小的绝对值与距离成正比，即环形坑中心位置离巡视器附近小坑越远，距离偏差越大。

表2-7　降落相机和全景相机探测数据中环形坑距离偏差分析

环形坑编号	降落相机镶嵌影像图上量算的距离/m	全景相机DOM数据上量算的距离/m	距离偏差/m	相对偏差/(%)
C1	12.2	12.4	−0.2	1.60
C2	11.3	11.4	−0.1	0.89
C3	9.8	9.7	0.1	1.02
C4	18.2	18.7	−0.5	2.75
C5	11.2	11.4	−0.2	1.79
C6	15.4	15.2	0.2	1.30
C7	23.0	23.6	−0.6	2.61

图2-19 用于距离测量的环形坑位置示意

图(a)为降落相机图像环形坑分布，图中红色圆圈表示环形坑，绿色点表示巡视器位置；
图(b)为全景相机正射影像环形坑分布，图中红色圆圈表示环形坑，绿色点表示巡视器位置，
图中黑色区域为在立体影像中被遮挡的区域。

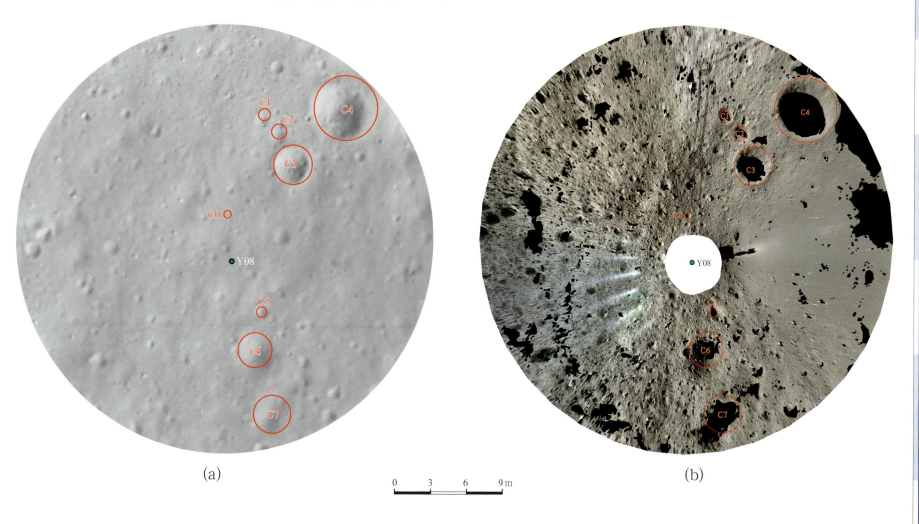

(a)　　　　　　　　0　3　6　9m　　　　　　　　(b)

（3）与 LRO 遥感影像上距离量测结果的比对分析

2013 年 12 月 25 日，美国 LRO 探测器获取了着陆区空间分辨率为 1.5 m 的高分辨率遥感影像，拍摄时嫦娥三号巡视器位于 Y08 探测点上，如图 2-20 所示。其中，左图为 LRO 高分辨遥感影像，影像中标注了着陆器和巡视器位置，可以量测巡视器与着陆器之间的距离约为 32.0 m；右图为全景相机在 Y08 探测点上获取的 DOM 数据，量测该距离约为 32.4 m。两种数据上量测得到的巡视器与着陆器之间的距离值偏差大小为 0.4 m，相对误差为 1.3%。

图2-20 LRO和全景相机数据上巡视器与着陆器距离量测示意

图(a)为美国LRO空间分辨率为1.5m的高分辨率遥感影像，箭头分别指示了巡视器和着陆器的位置；
图(b)为Y08探测点上全景相机的DOM数据，直线为巡视器与着陆器之间的连线。

(a)

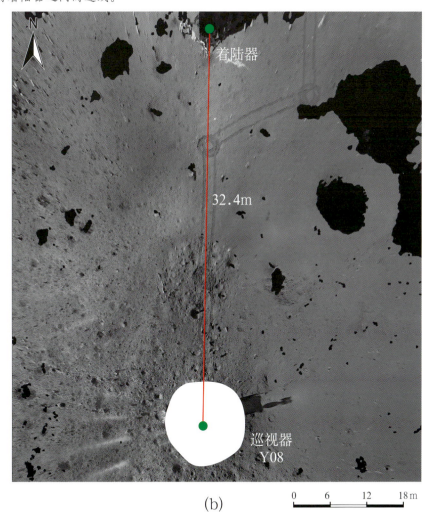

(b)

　　嫦娥三号在落月过程中，着陆器搭载的降落相机开机获取了降落时的月表影像；落月后，着陆器和巡视器（玉兔号）分离，着陆器搭载的地形地貌相机和玉兔号巡视器携带的全景相机，对着陆点周边进行了地形地貌探测，通过这些探测活动，我们获取了大量的地形地貌探测数据。基于这些数据，结合国内外月球探测任务中已经获取的多种科学数据，我们对照着陆点及其周边的地形地貌特征，特别是环形坑、石块、车辙、羽流扰动等情况，开展了详细的地形地貌特征分析，并将其与历史上其他探测器的月球软着陆区域进行了对比研究。

3.1　着陆区位置概况

嫦娥三号着陆点经纬度为 44.12° N，19.51° W，位于雷克蒂山脉以南约 120 km，北距拉普拉斯 F 环形坑（距离最近的已命名地理实体）约 41 km。嫦娥三号探测器着陆点位置图（见图 3-1），是利用嫦娥二号全月球影像（空间分辨率 7 m）、局部高分辨率影像（轨道号为 0236，空间分辨率 1.5 m）和嫦娥三号降落相机图像，经过配准、拼接和融合制作而成的。着陆点位于嫦娥三号预选着陆区东部，邻近地貌为平坦的月海。

图3-1 嫦娥三号探测器着陆点位置

该图影像数据来源于嫦娥二号任务获取的DOM数据，底图
影像分辨率为7m，着陆点所在一轨影像分辨率为1.5m。

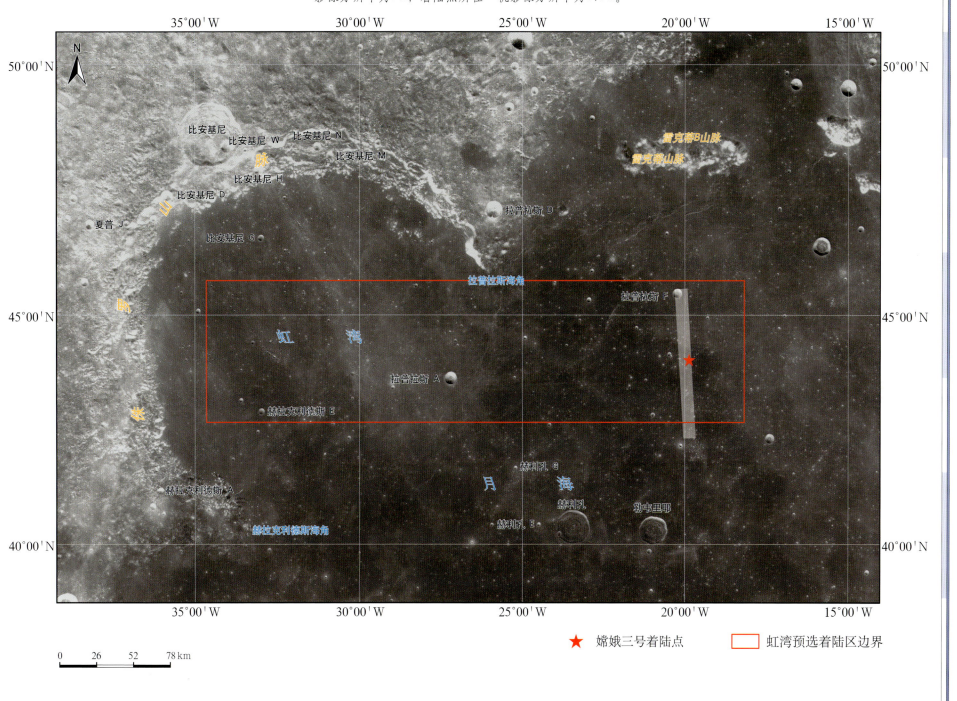

★ 嫦娥三号着陆点　　□ 虹湾预选着陆区边界

在美国地质调查局（USGS）发布的 1∶5 000 000《月球正面地质图》（Lunar Geologic Renovation，2013 年版本，该图由 Wilhelms 和 McCauley 于 1971 年制作，2013 年 Fortezzo 和 Hare 对其进行了数字化）上，嫦娥三号着陆点位于两期玄武岩分布区的交界地带，着陆点位于较年轻的爱拉托逊纪玄武岩分布区，其北部为雨海纪玄武岩分布区，如图 3-2 所示。

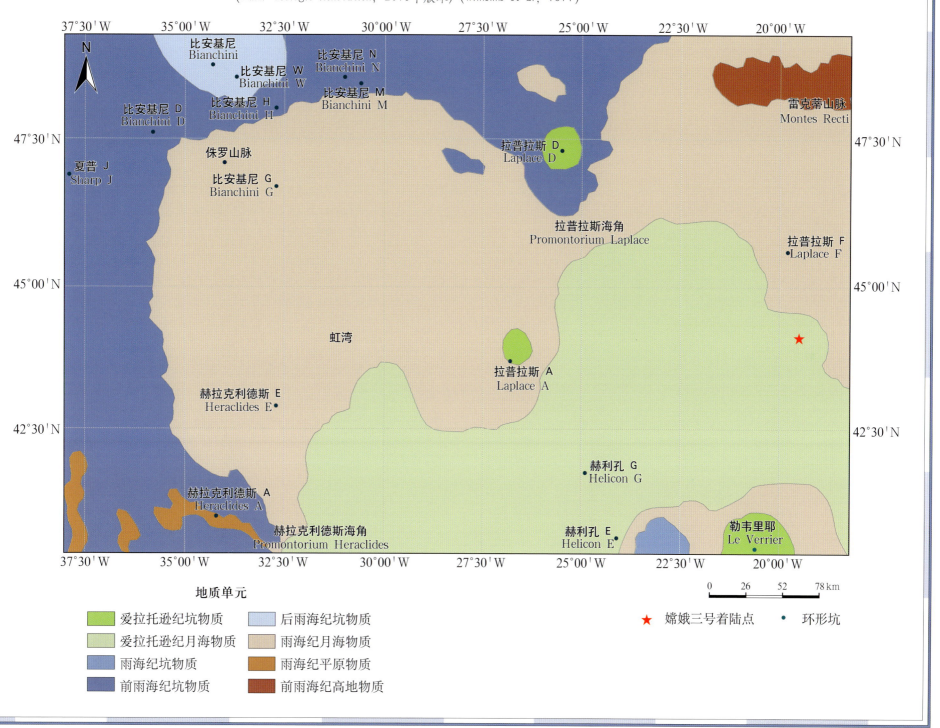

图3-2　嫦娥三号着陆区地质图

该图地质数据来源于美国地质调查发布的1：5 000 000 《月球正面地质图》。
(Lunar Geologic Renovation, 2013年版本) (Wilhelms et al, 1971)

地质单元

- 爱拉托逊纪坑物质
- 爱拉托逊纪月海物质
- 雨海纪坑物质
- 前雨海纪坑物质
- 后雨海纪坑物质
- 雨海纪月海物质
- 雨海纪平原物质
- 前雨海纪高地物质

★ 嫦娥三号着陆点　• 环形坑

为进一步了解着陆区概况，以嫦娥三号着陆点为中心，对 45 km × 70 km 范围进行了地形地貌和地质特点分析。

通过 20 m 分辨率的数字高程模型（DEM）与等高线（等高距为 20 m）套合分析（见图 3-3），可见嫦娥三号着陆点位于海岭边缘，区域地势呈北北东－南南西走向。从地势上分析，该地区南部高于北部，中部高于两侧，中央部分等高线较好地呈现了狭窄、修长、绵延的海岭地貌特征。区域内坡度陡峭之处，主要分布于环形坑内部边缘，而环形坑之间的区域则坡度较缓，地势相对平坦。

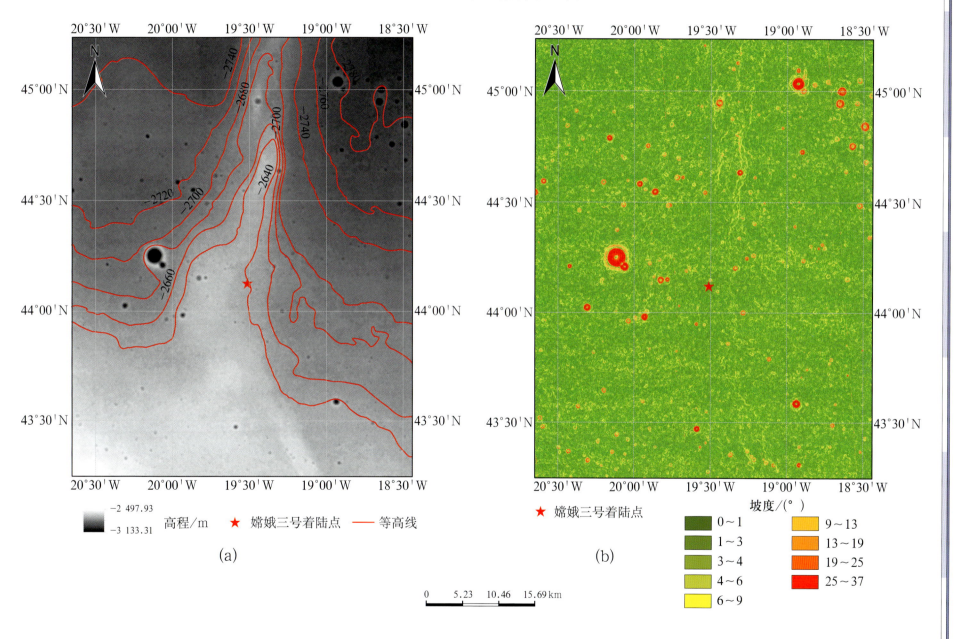

图3-3 嫦娥三号着陆区45 km × 70 km范围地形地貌特征

图(a)为高程分布；图(b)为坡度分布。

　　通过对嫦娥三号着陆区的影像图分析（见图 3-4），可见嫦娥三号着陆点所处的爱拉托逊纪玄武岩反射率较低，环形坑密度较低，而着陆点以北约 10 km 为反射率和环形坑密度较高的雨海纪玄武岩分布区。利用嫦娥一号干涉成像光谱仪（IIM）数据对着陆点物质成分进行分析，发现着陆点玄武岩类型为高钛玄武岩，特征成分 FeO 含量约为 17.4%，TiO_2 含量约为 6.6%（Ling et al，2013）。

图3-4 嫦娥三号着陆区影像

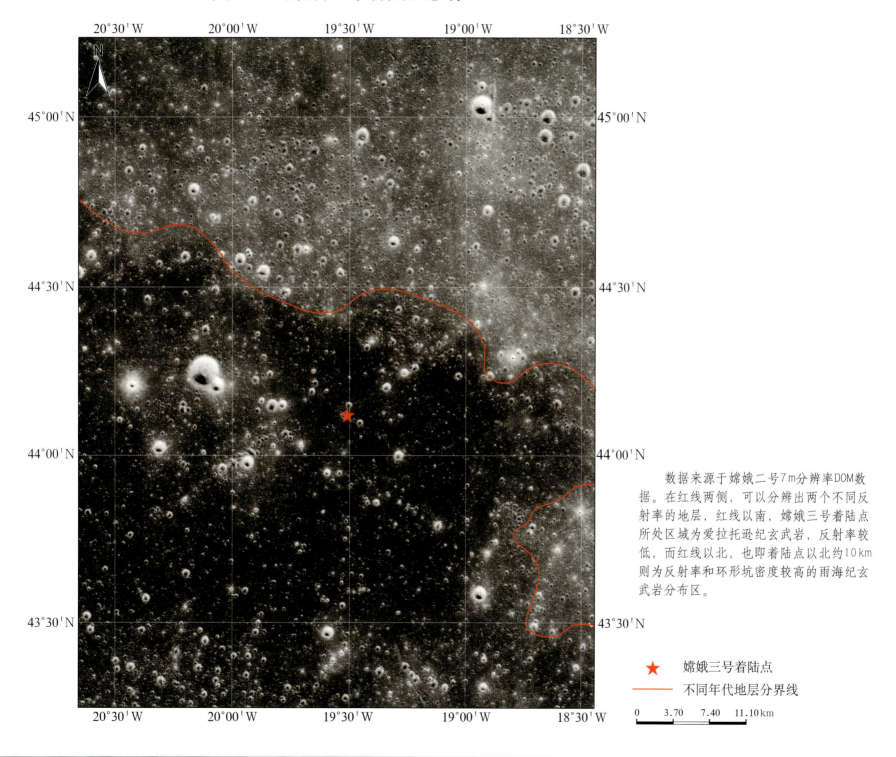

数据来源于嫦娥二号7m分辨率DOM数据。在红线两侧，可以分辨出两个不同反射率的地层，红线以南，嫦娥三号着陆点所处区域为爱拉托逊纪玄武岩，反射率较低，而红线以北，也即着陆点以北约10km则为反射率和环形坑密度较高的雨海纪玄武岩分布区。

★　嫦娥三号着陆点

───　不同年代地层分界线

3.1.1 嫦娥三号着陆区周边地形地貌特征

为更深入分析嫦娥三号着陆点的地形地貌特征，以着陆点为中心，利用嫦娥二号1.5 m分辨率DOM和4m分辨率DEM数据，对4 km×4 km范围开展了详细分析。

在4 km×4 km着陆区范围内，整体地势较为平坦，平均高程约为−2 639m。整体地形呈西高东低的趋势，最高点位于西北角，高程约−2 603m；最低点位于东南方环形坑底部，约−2 674 m，高差约71 m，如图3−5所示。

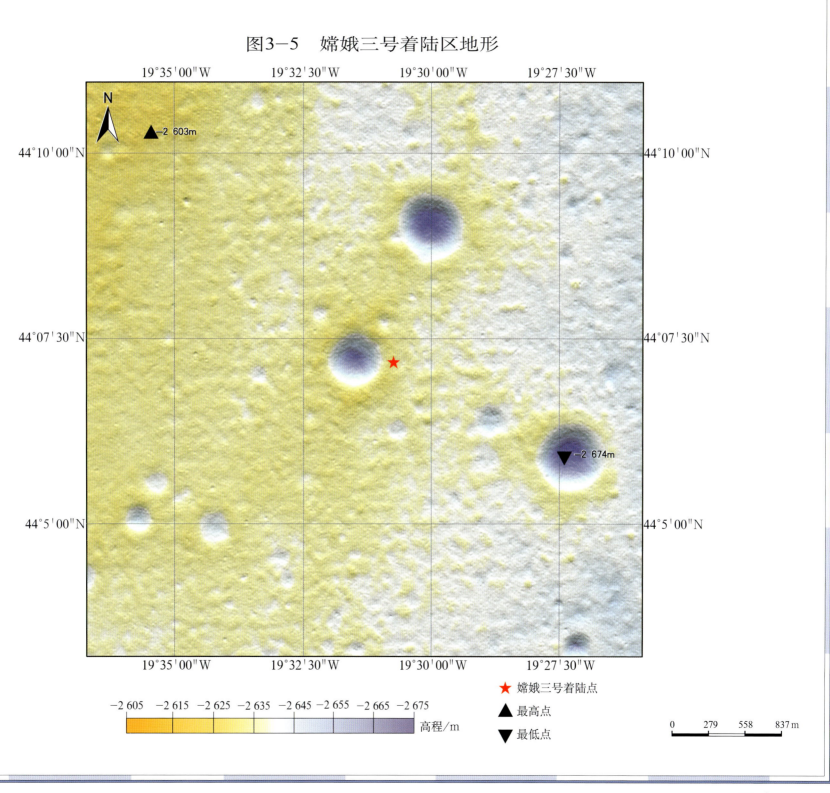

图3-5　嫦娥三号着陆区地形

3.1.1.1 地形起伏度

地形起伏度是描述地形切割深度的重要指标，基于 4 m DEM 数据，以 3×3 像素（即 12 m×12 m）的大小作为分析窗口，采用高程的最高点与最低点差值，计算地形起伏度。计算公式如下：

$$W=E_{max}-E_{min} \qquad (3-1)$$

式 3-1 中，W 代表地形起伏度，E_{max} 代表区域内高程的最大值，E_{min} 代表区域内高程的最小值。

嫦娥三号着陆区（4 km×4 km 范围）的起伏度最大为 4.89 m，最小为 0 m，平均值为 2.44 m，98% 的区域起伏度小于 1 m，如图 3-6 所示。起伏度大于 1 m 的区域均位于环形坑的内部坑缘和坑壁，环形坑底部的起伏度较小，如图 3-7 所示。

图3-6　嫦娥三号着陆区地形起伏度统计

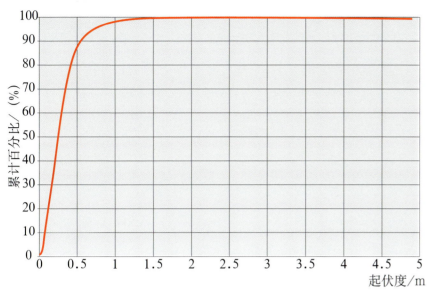

图3-7　嫦娥三号着陆区起伏度分布

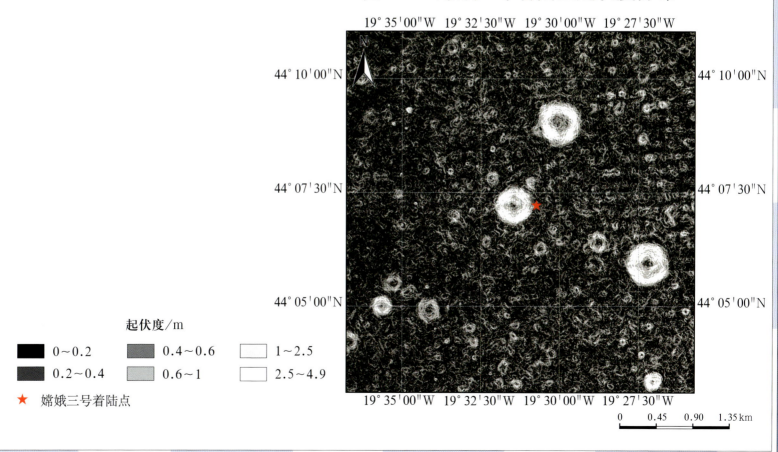

起伏度/m

■ 0~0.2	▨ 0.4~0.6	□ 1~2.5
▨ 0.2~0.4	▨ 0.6~1	□ 2.5~4.9

★ 嫦娥三号着陆点

3.1.1.2 坡度

坡度是地形表面单元陡缓的程度，在 DEM 栅格数据中，通常使用某栅格与其直接相邻的 8 个栅格组成一个坡面，由该坡面的垂直高度差与某一个方向水平距离的比来表征坡度大小，如图 3-8 所示，栅格 e 处的坡度计算公式如式 3-2 至式 3-4 所示（Burrough et al，1988）：

图3-8　坡度计算原理

a	b	c
d	e	f
g	h	i

$$\mathrm{d}z/\mathrm{d}x=[(c+2f+i)-(a+2d+g)]/(8\times L) \qquad (3-2)$$

$$\mathrm{d}z/\mathrm{d}y=[(g+2h+i)-(a+2b+c)]/(8\times L) \qquad (3-3)$$

$$S=\tan^{-1}\sqrt{(\mathrm{d}z/\mathrm{d}x)^2+(\mathrm{d}z/\mathrm{d}y)^2} \qquad (3-4)$$

式中，$a\sim i$ 代表各个栅格的高程值，L 代表栅格的大小，$\mathrm{d}z/\mathrm{d}x$ 代表 x 方向上的坡比，$\mathrm{d}z/\mathrm{d}y$ 代表 y 方向上的坡比，栅格 e 处的坡度为这两个方向上坡比的算术平方根的反正切，S 代表坡度，单位为弧度。

使用分辨率为 4 m 的 DEM 数据对着陆区（4 km×4 km 范围）的坡度进行了计算和统计。结果可见，嫦娥三号着陆区的最大坡度约为 31.0°，最小为 0°，算术平均值为 15.5°，只有 4% 的地区坡度大于 10°，约 89.0% 的地区坡度小于 8°，如图 3-9 所示。坡度较大的区域主要分布在环形坑的内壁，如图 3-10 所示。

图3-9 嫦娥三号着陆区坡度统计

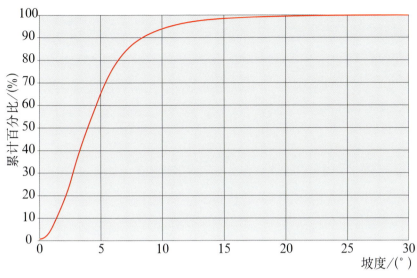

图3-10 嫦娥三号着陆区坡度分布

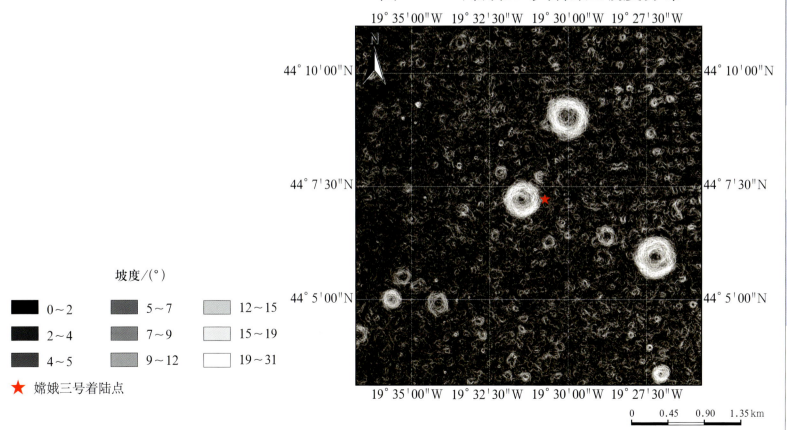

坡度/(°)

▮ 0~2	▮ 5~7	▮ 12~15
▮ 2~4	▮ 7~9	▮ 15~19
▮ 4~5	▮ 9~12	□ 19~31

★ 嫦娥三号着陆点

3.1.2 典型地貌命名

为规范统一嫦娥三号着陆区地理实体的名称，促进科学研究和学术交流，中国探月工程地面应用系统在 2014 年开展了月球地名标准化和系统命名工作，利用嫦娥三号地形地貌相机、全景相机和降落相机获取的着陆区地形地貌影像数据编制完成了《嫦娥三号着陆区地形地貌命名建议书》，建议书中推荐了 16 个嫦娥三号月球着陆区地理实体命名，其中着陆点建议以我国古代神话中"嫦娥和玉兔居住的宫殿"——广寒宫命名，着陆区附近其他地理实体名建议以我国古代星图中的"三垣四象二十八宿"的星官名字命名。2015 年 6 月，由中国科学院月球与深空探测总体部向国际天文学联合会（IAU）正式提出了命名嫦娥三号着陆区地形地貌的申请，经过近半年的逐级审议，IAU 于 2015 年 10 月 5 日在其官网上向国际社会公布：正式批准中国嫦娥三号着陆区 4 项"月球地理实体命名"，将嫦娥三号探测器和玉兔号巡视器勘探过的一片区域命名为"广寒宫"，附近三个撞击坑分别命名为"紫微""天市"和"太微"。4 个命名的月球地理实体的影像如图 3-11 所示，具体信息如表 3-1 所示。

如图 3-11 所示，被命名为"紫微""天市"和"太微"的 3 个较大环形坑紧邻"广寒宫"（嫦娥三号着陆区域），直径分别为 422.90 m、475.27 m 和 482.64 m。命名取自我国古代天文星图中的"三垣"，即"紫微垣""天市垣"和"太微垣"，用以在较大尺度上辨识嫦娥三号着陆点的位置。命名为"广寒宫"的嫦娥三号着陆点指嫦娥三号月球着陆点周边方圆 77 m 的区域，中心坐标为 19.512 327° W，44.119 612° N，包括玉兔号巡视器巡视路线及其东侧重要地貌，用以标记我国月球探测器首次在月球上软着陆的位置。

图3-11　嫦娥三号着陆区地形地貌特征点命名

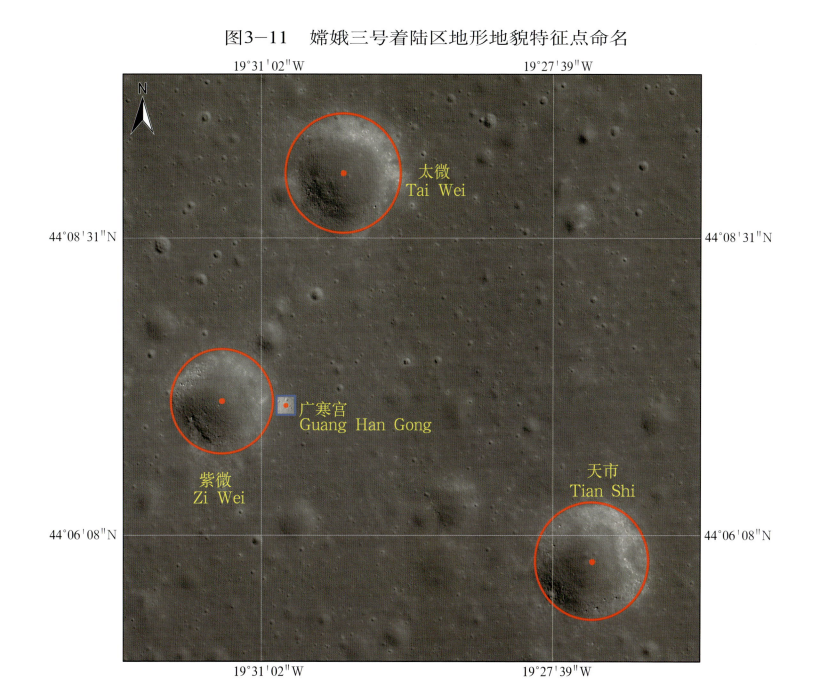

<h3 style="text-align:center">表3-1 嫦娥三号着陆区月球地理实体命名表</h3>

序 号	地理实体名称		地貌类型	经度/(°)	纬度/(°)	尺寸/m	备 注
	中文名称	西文名称					
1	紫微	Zi Wei	环形坑	19.524 594W	44.120 115N	422.90	紫微垣之内是主宰天地的皇帝居住的地方，是皇帝的内院，除了皇帝之外，皇后、太子、宫女都在此居住
2	天市	Tian Shi	环形坑	19.453 394W	44.098 828N	475.27	天市垣是天上的市集，是天上平民百姓居住的地方
3	太微	Tai Wei	环形坑	19.501 387W	44.150 548N	482.64	太微垣又名天庭，是天上贵族及大臣们居住的地方
4	广寒宫	Guang Han Gong	着陆点	19.512 327W	44.119 612N	77.00	广寒宫是中国古代神话传说中位于月球的宫殿，后人认为它是嫦娥奔月后居住的屋舍

*广寒宫为图3-11中所示的蓝色区域，方圆77m；中心坐标为相对嫦娥三号着陆点X方向−0.011m，Y方向−1.58m；地理坐标为19.512 327°W，44.119 612°N，该区域为嫦娥三号着陆区，包括巡视路线和东侧重要地物。
https://planetarynames.wr.usgs.gov/Feature/15415

3.1.3 "广寒宫"内地理实体命名

　　根据 IAU 现行的行星系地名命名规则，IAU 不对直径小于 100 m 的月球表面地理实体进行官方命名，但同意这些尺寸较小的地理实体可以由感兴趣的科学家团队进行非官方的命名，并认可这些命名在科学研究和学术交流中的使用。IAU 月球命名委员会建议在科学研究和学术交流中推广使用未获 IAU 批准的其他 12 项地名，包括嫦娥三号着陆点周边的 9 个环形坑和 3 个石块。这 12 项地理实体用于标记嫦娥三号着陆点周边区域具有较大科学研究价值的地形地貌，其命名是以嫦娥三号着陆点为基点，在其东、南、西、北 4 个正方位之间作 2 条 45°的对角线，将嫦娥三号着陆点周边区域划分为 4 个方位区，分别对应我国古代天文星图中的"四象"（东苍龙、南朱雀、西白虎、北玄武），按所处"四象"中的"二十八宿"星官的名字命名。12 项推广使用的月球地理实体影像如图 3-12 所示，具体信息如表 3-2 所示。

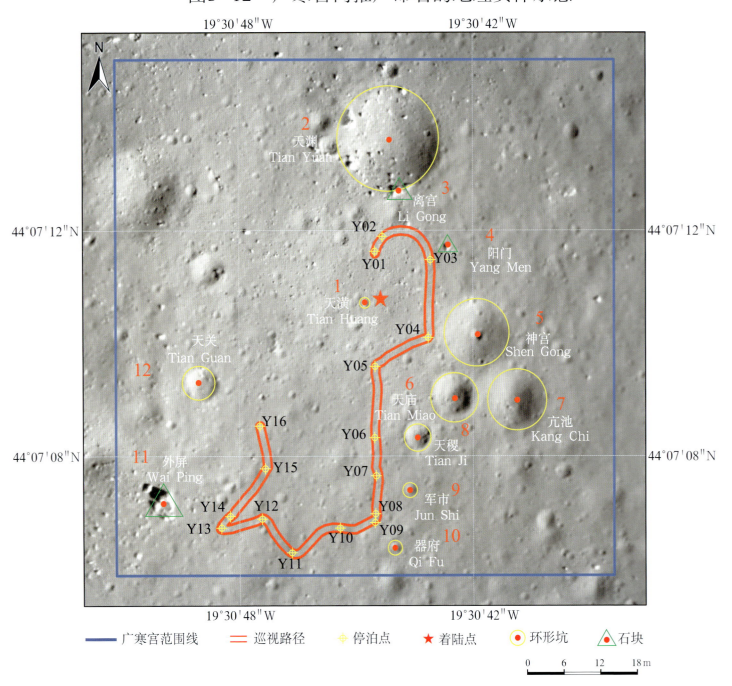

图3-12　广寒宫内推广命名的地理实体示意

表3-2　嫦娥三号着陆区地形地貌特征点命名

序 号	地理实体名称		地貌类型	西经/ (°)	北纬/ (°)	尺寸/m	备 注
	中文名称	西文名称					
1	天潢	Tian Huang	环形坑	19.512 43	44.119 643	1.31	又名天横，为银河的桥梁或渡口
2	天渊	Tian Yuan	环形坑	19.512 27	44.120 437	15.46	天空深潭
3	离宫	Li Gong	石块	19.512 19	44.120 185	2.48	皇帝的行宫
4	阳门	Yang Men	石块	19.511 85	44.119 918	1.59	边塞的城门
5	神宫	Shen Gong	环形坑	19.511 65	44.119 495	9.95	更衣内室
6	天庙	Tian Miao	环形坑	19.511 81	44.119 181	7.32	天子的祖庙
7	亢池	Kang Chi	环形坑	19.511 37	44.119 17	9.02	二十八星宿之一的亢宿旁的水池
8	天稷	Tian Ji	环形坑	19.512 06	44.118 987	3.97	天上的谷，或负责农事的官员
9	军市	Jun Shi	环形坑	19.512 12	44.118 729	2.11	为军队服务的市场
10	器府	Qi Fu	环形坑	19.512 22	44.118 452	2.16	存放乐器的地方，或掌管音乐的官员或机构
11	外屏	Wai Ping	石块	19.513 88	44.118 662	5.20	厕所的屏障
12	天关	Tian Guan	环形坑	19.513 6	44.119 253	4.92	日月五星所经的大门

3.2 环形坑

嫦娥三号着陆点最大的紫微环形坑四周，零乱地分布着大小不一的环形坑。为了研究着陆区的环形坑特点、地质特点，以及为巡视探测提供决策，在玉兔号巡视器驶离着陆器之前，利用嫦娥二号高分辨率影像和嫦娥三号降落相机图像对着陆区环形坑进行了识别。

3.2.1 环形坑分布

对着陆点周边 4 km×4 km 范围内直径大于 5 m 的环形坑进行统计分析，结果表明：直径大于 5 m 的环形坑有 10 514 个，大于 10 m 的有 3 222 个，大于 200 m 的有 15 个。直径大于 400m 的环形坑分布于着陆点的东南部、北部和西部，如图 3-13 所示。

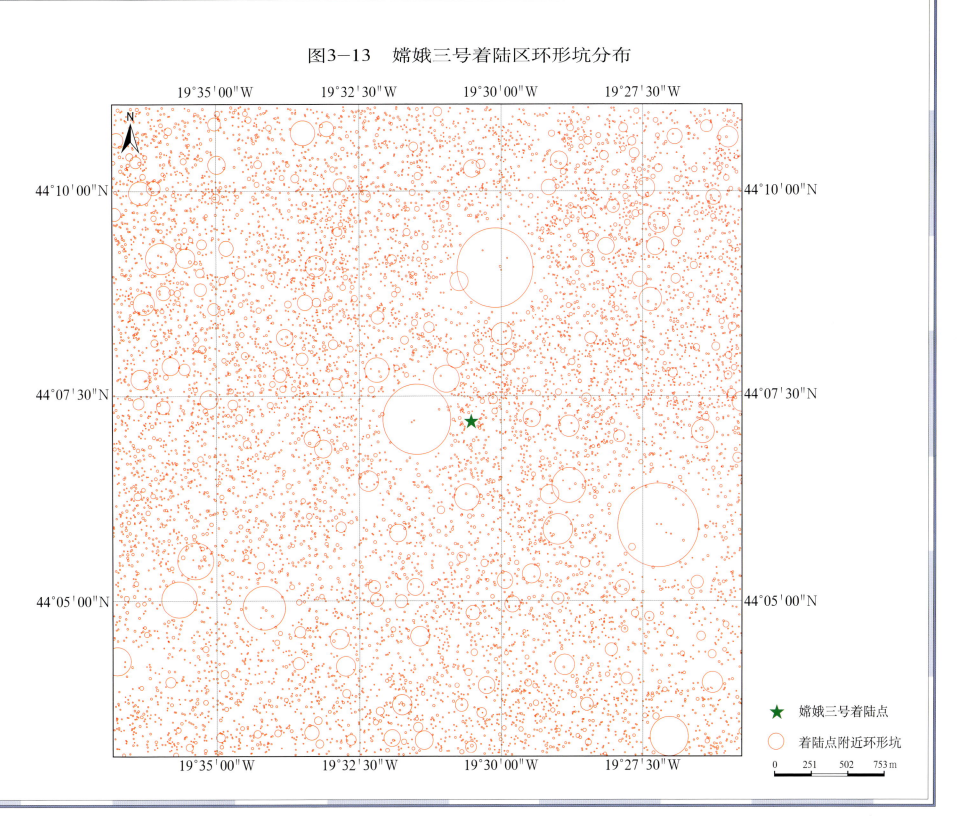

图3-13 嫦娥三号着陆区环形坑分布

★ 嫦娥三号着陆点

○ 着陆点附近环形坑

图 3-14 描绘了嫦娥三号着陆区的环形坑直径大小分布的频率曲线 (Michael et al, 2010)，从中可以看出该范围内环形坑直径大小的分布，直径 10 m 以上环形坑频率分布在指数空间上呈线性减少，其斜率约为 -2.1，频率分布总体符合月海环形坑的分布规律 (Costes, 1969)。

图3-14 嫦娥三号着陆区环形坑直径频率累积分布曲线

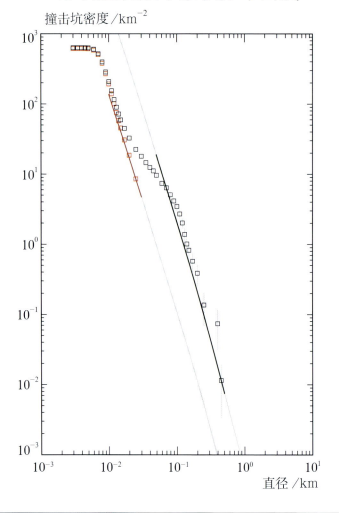

3.3.2 紫微环形坑地形地貌特征

在降落相机图像上，结合着陆点周边区域的地形数据对紫微环形坑进行了地形地貌分析，结果如图 3-15 所示。嫦娥三号着陆点紧邻紫微环形坑，距离该坑坑缘东侧约 35 m。紫微环形坑的最高点（-2 608.35 m）位于其南部坑缘，最低点（-2 662.41 m）处于坑底中央，二者相对高程差约为 54.06 m。

图3-15 紫微环形坑地形

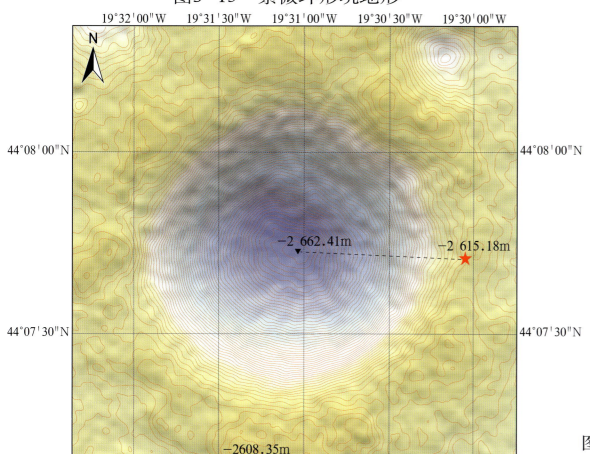

从紫微环形坑坑底到着陆点位置进行了高程剖面和坡度剖面分析，结果如图 3-16 所示，环形坑的高程变化平缓，但坑壁坡度变化较大，最大坡度约 22°；坑壁靠近坑底和坑沿坡度变化较小，坑壁中间位置坡度变化最为明显。

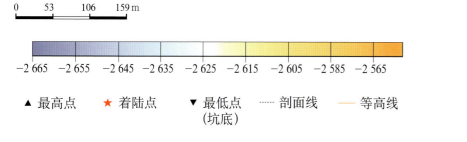

图3-16 紫微环形坑坑底到嫦娥三号着陆点的高程剖面

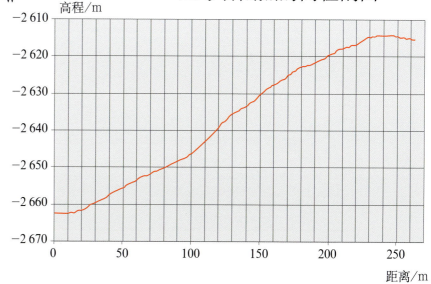

3.3 石块及其分布

利用获取的降落相机图像，对紫微环形坑东南角分布的石块进行了识别。图 3-17 是紫微环形坑外缘石块识别的统计结果，从石块的分布上可以明显看出，着陆点附近的石块较小，但是密度较大；在紫微环形坑南部，因撞击作用抛出的石块较大，最大石块的长度约为 9.7 m。降落相机图像能较好地反映着陆区的石块分布。

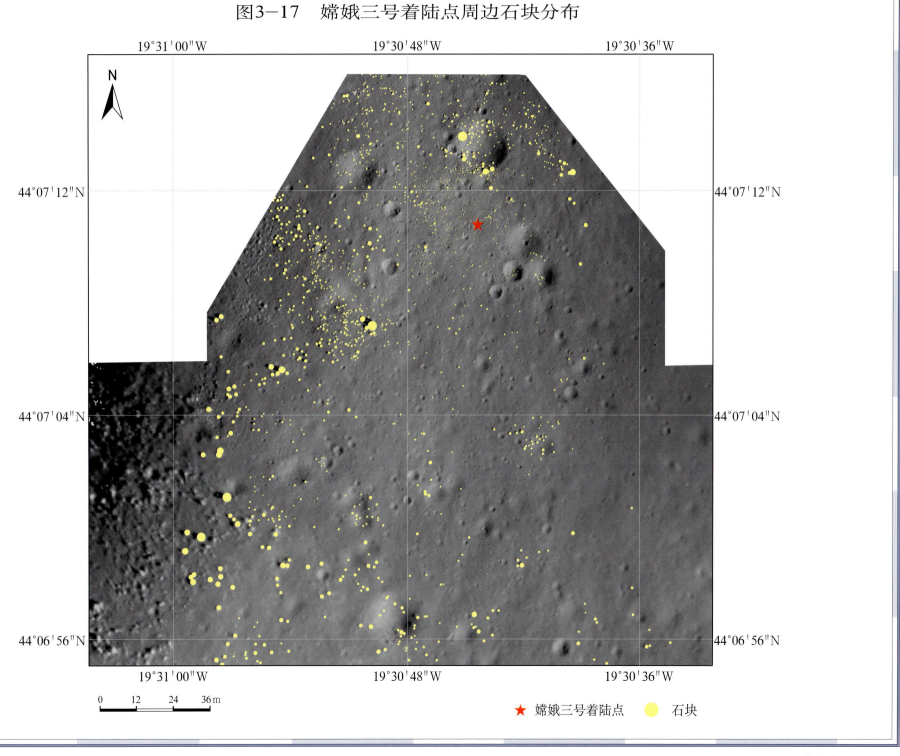

图3-17 嫦娥三号着陆点周边石块分布

利用地形地貌相机三个俯仰角度获取的 60 幅图像，我们制作的着陆点周围柱面图像如图 3-18 所示，紫微环形坑的南部和西侧内壁上分布有大量石块，东南侧分布有一块形似金字塔的大石块"外屏"（见图 3-19）。在"外屏"的背面可见紫微坑东西两侧边缘都分布有撞击成坑时抛射出的大量石块；在图像的正北方向，可以看到两块较大的石块"离宫"（见图 3-20) 和"阳门"（见图 3-21）；在图像的正西方向（见图 3-22），可以看到紫微环形坑西侧内壁上反射率较高的碎石块；在坑的北部，地形相对隆起。由此可见，着陆区周边地势整体呈西高东低的趋势，但地形较为平坦，坡度较小。

图3-18　嫦娥三号地形地貌相机环拍图像

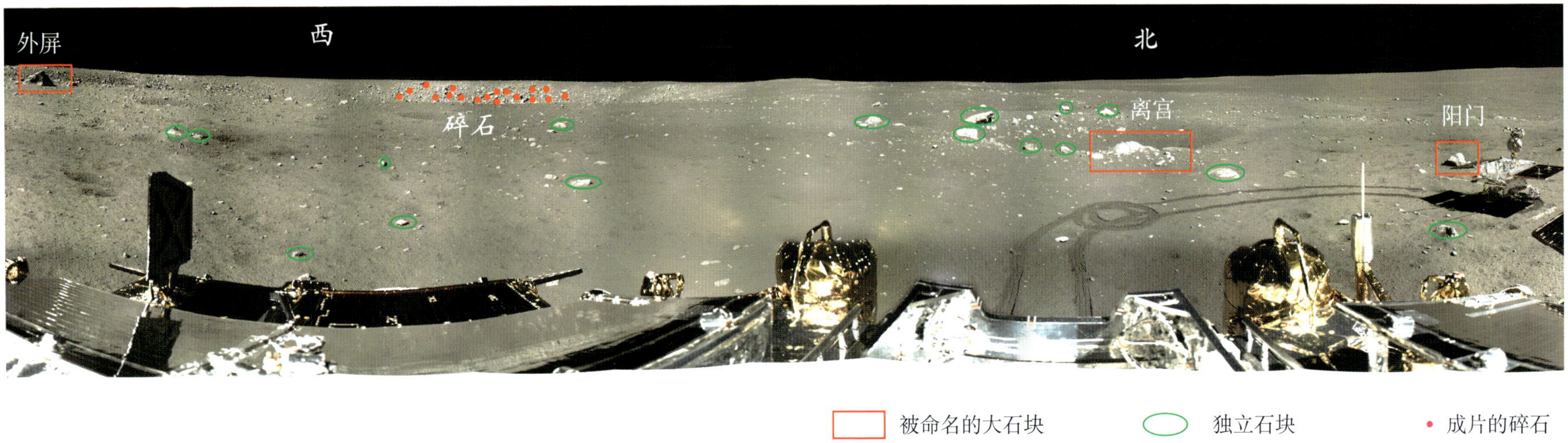

外屏　西　北　离宫　阳门

碎石

☐ 被命名的大石块　　◯ 独立石块　　• 成片的碎石

图3-19 嫦娥三号地形地貌相机环拍图像——"外屏"

西

图3-20　嫦娥三号地形地貌相机环拍图像—— "离宫"

北

图3-21 嫦娥三号地形地貌相机环拍图像—— "阳门"

图3-22　嫦娥三号地形地貌相机环拍图像（正西视角）

3.4 车辙

　　月壤位于月球表层，具有松散、非固结、细颗粒的特点。与地球土壤的形成过程不同，月壤是在氧气、水、风和生命活动都不存在的情况下，通过小天体撞击、宇宙射线和太阳风轰击，以及大幅度昼夜温差变化、破碎等效应共同作用下形成的。

　　车辙是月球车车轮在月壤上碾压沉陷后留下的可视化信息，通过分析车辙与地面试验得到的轮壤作用关系，可以研究月壤的物理力学性质。车辙垂直方向变形即车辙深度，可以反映月面的承载能力；水平方向变形可以反映月面的抗剪切强度，因此车辙地形地貌研究可以用于分析月面的力学特性。

　　目前在地外天体表面留下车辙形态的包括美国的阿波罗15-17号任务的 LRV 月球车，苏联月球号的 Lunokhod 月球车系列，中国的嫦娥三号玉兔巡视器，美国勇气号、机遇号和好奇号的火星车等，直接利用星上数据测量车辙深度，进而研究土壤性质的工作还较少，多数为发射前在地面实验室内进行的模拟试验。

　　阿波罗号任务的 LRV 月球车样机在美国国家航空航天局格伦研究中心研制的 GRC 系列模拟月壤上进行过地面实验，其车辙与阿波罗 15 号任务的 LRV 月球车在月表的车辙对比情况可以看出，两者的表面地形地貌很相似，如图 3-23 所示。

图3-23　地面试验车辙与月球车月面车辙的对比

图(a)为阿波罗号任务的LRV地面试验车辙；图(b)为阿波罗15号任务的LRV月球车在月表留下的车辙。

(a)　　　　　　　　　　　　　　　　(b)

　　玉兔号巡视器在月球表面行走了约 114 m，其搭载的全景相机获取了高分辨率的全色和彩色影像，从这些影像重构出的三维地形可以直接量测和计算出车辙的形态和深度。利用这种非接触式星上测量方法，可以直接而高效地研究月表地形地貌和月壤。

3.4.1 量测点选取及测量

　　利用玉兔号巡视器携带的全景相机进行了 4 个探测点上的三维地形重构，形成最高空间分辨率为 0.005 m 的 DEM 和 DOM，将二者叠加作为底图用于数据分析。从正射影像图中可以清晰地看到月球车行驶过程中的车辙轨迹，沿行驶轨迹均匀选取垂直于左右车辙印的测量剖面线（见图 3-24 (b)），在月球车调整方向形成的多次碾压区沿不同方向选取剖面线，分别记录每个点的平面和高程坐标。

图3-24 玉兔号巡视器车辙测量选点示意

图(a)为巡视器的行驶路径；图(b)为选点示意；
图(c)为行驶过程中选取的一处剖面高程示意。

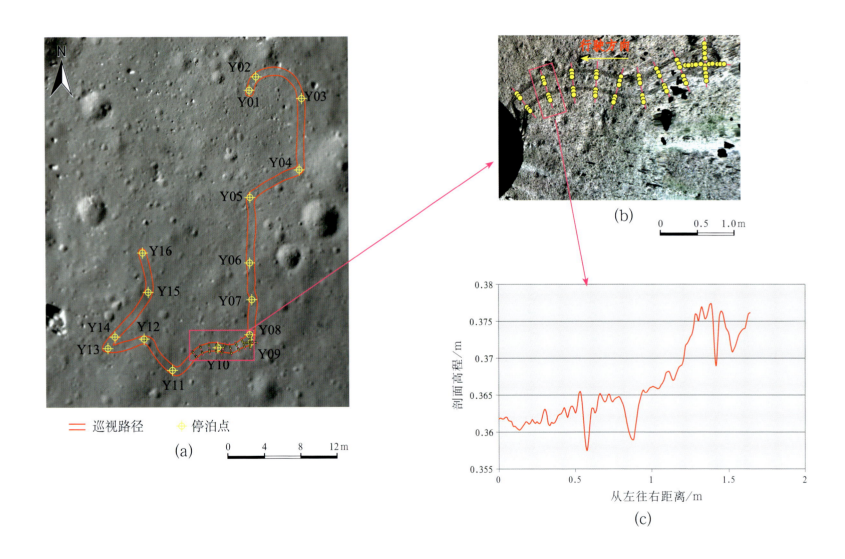

3.4.2 车辙深度计算

根据选取的二维剖面线，玉兔号巡视器在行驶过程中均处于左低右高的倾斜状态，这与嫦娥三号着陆区的整体倾斜地形有关。经过对左右车辙内点和车辙外点高程差的对比，地形起伏对车辙碾压深度影响并不明显，因此，每个测量剖面上车辙内外点的高程差平均值可作为碾压深度值。4 个探测点的测量结果如图 3-25、表 3-3 和表 3-4 所示。

图3-25　车辙深度散点分布

图(a)为4个探测点车辙单次碾压结果（部分）；图(b)为4个探测点车辙多次碾压结果（部分）。

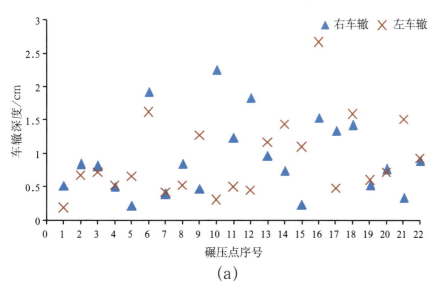

(a)

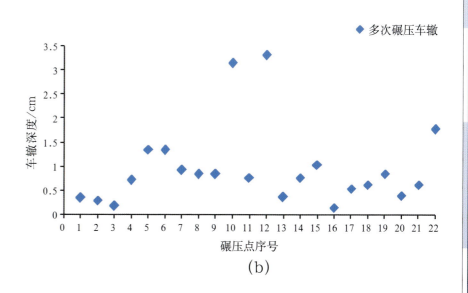

(b)

表3-3　4个探测点车辙单次碾压统计（部分）

序号	右车辙/cm	左车辙/cm
1	0.52	0.19
2	0.85	0.68
3	0.82	0.72
4	0.51	0.53
5	0.22	0.66
6	1.93	1.63
7	0.40	0.42
8	0.85	0.52
9	0.48	1.28
10	2.26	0.31
11	1.25	0.50
12	1.84	0.45
13	0.98	1.17
14	0.75	1.44
15	0.24	1.10
16	1.55	2.67
17	1.35	0.48
18	1.43	1.60
19	0.53	0.61
20	0.77	0.72
21	0.34	1.51
22	0.90	0.93

表3-4　4个探测点车辙多次碾压统计（部分）

序号	多次碾压/cm
1	0.34
2	0.29
3	0.18
4	0.72
5	1.35
6	1.34
7	0.93
8	0.85
9	0.84
10	3.15
11	0.78
12	3.32
13	0.37
14	0.77
15	1.05
16	0.15
17	0.54
18	0.63
19	0.85
20	0.40
21	0.62
22	1.78

从统计数据可知，4个探测点的右车辙深度最大为2.26 cm，最小为0.22 cm，平均深度0.94 cm；左车辙深度最大为2.67 cm，最小为0.19 cm，平均深度0.89 cm。地形倾斜对车辙深度没有产生明显影响。

对于多次碾压区域，车辙深度最大为3.32 cm，最小为0.15 cm，平均深度0.97 cm。玉兔号巡视器车轮多次的碾压也没有造成车辙深度的明显增加。

3.5 羽流扰动区分布

通过对月球着陆区高分辨率光谱图像的分析可以发现，在阿波罗号系列、月球号系列、勘测者号系列以及嫦娥三号着陆区附近存在反射率异常现象，该现象被认为是由于着陆器下降过程中的发动机羽流造成的，此反射率异常区称为"羽流扰动区"(Blast Zone)。"羽流扰动区"的反射率变化程度主要与着陆器的距离有关，在着陆器周边反射率变化最高，离着陆器越远，反射率变化程度越小。这是因为着陆器下降过程中发动机羽流并不是垂直吹向月表的，而是呈碗状向四周扩散状分布，这种特性使部分月壤颗粒产生水平初速度，从而引起月壤颗粒的重新分布。因此，可将"羽流扰动区"分为两部分，距离着陆器几米范围内区域的月壤颗粒粗糙度增大，反射率比未受羽流影响的月表反射率低，称为低反射率区（LR-BZ）；而距离着陆器几十至几百米范围内区域的月壤颗粒粗糙度减小，反射率比未受羽流影响的月表反射率高，称为高反射率区（HR-BZ）。

目前，低反射率区（LR-BZ）只在阿波罗号着陆区能明显看到，而月球号系列、勘测者号系列和嫦娥三号着陆器产生的低反射率区范围比较小，在现有分辨率图像中无法分辨，因此没有发现明显的低反射率区。导致"羽流扰动区"大小和形状有所不同的主要因素是各种着陆器的发动机动力，着陆区地形、着陆器着陆方式甚至着陆器重量也是影响因素。

图 3-26 分别为阿波罗 11 号和嫦娥三号着陆区"羽流扰动区"示意。在嫦娥三号着陆器由南向北的着陆过程中，由于探测器在 100 m 高度处进行了悬停避障（期间沿经度方向

和沿纬度方向分别移动了约 6 m(Liu et al，2014))，造成其反射率异常区与其他几类着陆区有所区别，呈细长的条带状。从图 3-26（b）中可以看出，嫦娥三号着陆区的外围散布分布异常区（Diffuse Blast Zone，DBZ）的反射率变化较小，而中央集中分布异常区（Focused Blast Zone，FBZ）的反射率变化比较明显(Clegg et al，2014；Clegg et al，2016)。

图3-26 着陆区附近羽流扰动区示意

图(a)为阿波罗11号着陆区附近羽流扰动区，LR—BZ为低反射率区，HR—BZ为高反射率区，图片来源于
LRO NAC M175154932LR图像数据（Clegg et al, 2014）；

图(b)为嫦娥三号着陆区光度异常区，FBZ为中央集中分布异常区，DBZ为外围散布分布异常区，图片
来源于LRO NAC M183661683L和M1144936321L图像数据（Clegg et al, 2016）。

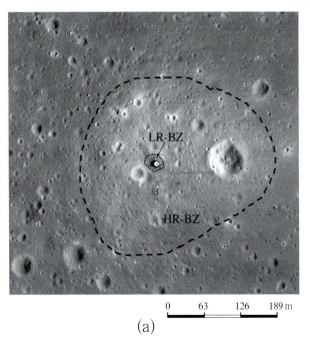

(a)

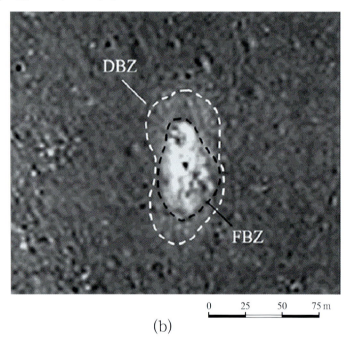

(b)

在嫦娥三号着陆过程中，发动机产生的羽流吹散了着陆点附近的月壤颗粒，一定程度上改变了着陆点周围的月表特征。通过分析嫦娥三号着陆点图像特征在着陆前和着陆后的变化，可以检验探测器着陆过程中的发动机羽流与月壤颗粒的相互作用关系，了解月壤颗粒的扬起和重新分布情况。

在嫦娥三号发射前（2013 年 6 月 30 日）和软着陆后（2013 年 12 月 25 日），美国 LRO 高分辨率窄角相机分别获取了着陆区的高分辨率遥感影像数据（如图 3-27 所示），两次成像时间相隔 178 天，相当于 6 个月昼。从图中可以看出，两幅图像的色调、光照方向和阴影均一致。通过对比，在着陆后的图像中可明显地看出色调较亮、尺寸较大的着陆器和位于着陆器南侧、尺寸较小的巡视器。

图3-27　嫦娥三号着陆点图像数据

图(a)和图(b)均来源于美国NASA的LRO探测器数据，分辨率均为1.5m；

图(a)拍摄于嫦娥三号着陆前的2013年6月30日16：21：44，太阳高度角为14.33°；

图(b)拍摄于嫦娥三号着陆后的2013年12月25日03：52：49，太阳高度角为13.36°；

整体上两幅图像的太阳高度角基本相同，图像纹理和亮度特征基本一致，图(b)中央位置可以明显分辨出着陆器和巡视器的位置。

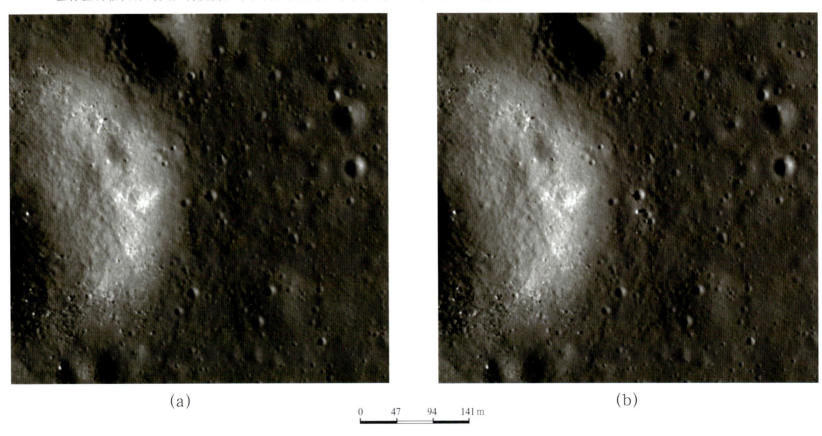

(a)　　　　　　　　　　　　0　　47　　94　　141 m　　　　　　　　　　　(b)

由于采用了发动机反推减速的动力着陆方式，嫦娥三号从约 12 km 高度开始点燃发动机进行减速，直到距离月面 2.8 m 时关闭发动机，整个减速过程喷射的高热羽流，引起了一定范围月表松散物质（月壤颗粒）的重新分布。在降落相机的序列图像中，在探测器距月面约 50 m 高度开始（此时发动机推力为 2 000 N），发动机羽流开始使月表尘埃有明显的扬起，之后扬尘逐渐加大，发动机关闭后几秒时间内图像逐渐变为清晰。

通过对着陆前后图像数据的分析，我们研究了发动机羽流对月表物质的影响程度和范围。图 3-28 是利用成像条件基本一致的图像差值方式计算出来的着陆区亮度变化情况。从图中可以看出，距离着陆器以北 30 个像素 (45 m)、南面 60 个像素（90m）、西面 10 个像素（15 m）、东面 30 个像素（45 m）以内的范围，图像的亮度发生了明显变化，其中在着陆器处（深蓝色）由于太阳能帆板的高强度反射亮度明显增加，而在其阴影处（绿色）受到太阳能帆板的遮挡，反射的光线较少，亮度明显减弱。通过对着陆前后着陆点影像亮度变化剖面图分析（见图 3-29），可以看出在着陆器处图像的亮度发生了明显的变化，这种变化随着与着陆器距离的变大而逐渐变小。以上情况说明，在着陆器下降过程中，受到发动机羽流扬尘的影响，着陆点附近的月壤颗粒被部分吹散或被其他地方落入的月壤颗粒覆盖，改变了该地月壤颗粒的形状和空间风化程度，引起反射率的变化。根据图 3-29 的分析数据，扬尘影响范围为东西约 60 m，南北约 135m。南北方向范围较大，是降落过程中着陆器由南向北下降造成的 (Li et al，2014)。

图3-28 嫦娥三号着陆前后着陆点影像亮度变化

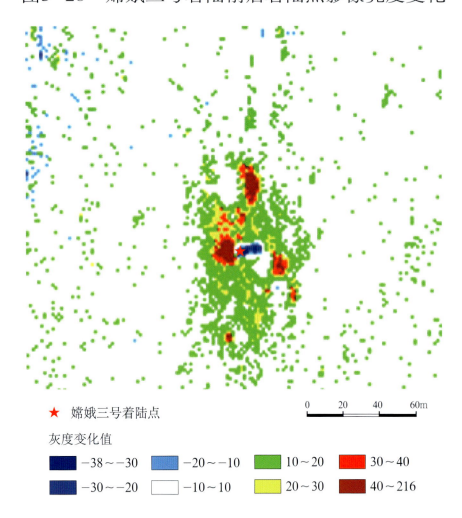

★ 嫦娥三号着陆点

| 0 | 20 | 40 | 60m |

灰度变化值

■ -38~-30	■ -20~-10	■ 10~20	■ 30~40
■ -30~-20	□ -10~10	■ 20~30	■ 40~216

图3-29 嫦娥三号着陆前后着陆区影像亮度变化剖面

图(a)为南北方向着陆区影像亮度变化剖面；图(b)为东西方向着陆区影像亮度变化剖面，
图中红色竖线表示着陆器的位置，像素分辨率为1.5m。

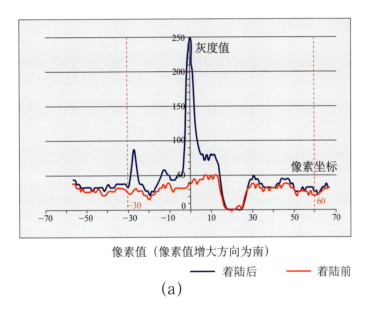

(a)

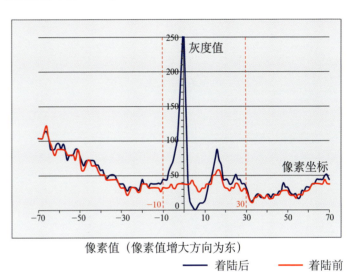

(b)

根据目前对"羽流扰动区"的研究，可认为是羽流吹走了着陆区的月壤表层颗粒，然后在"羽流扰动区"重新覆盖，从而导致反射率发生变化。从嫦娥三号着陆过程中的降落相机图像（见图3-30）中，可以明显看出羽流吹起月表月壤颗粒的情况。

图3-30　嫦娥三号降落相机序列图像数据

图(a)、图(b)、图(c)、图(d)和图(e)各图拍摄时降落相机距月表距离分别为11.6m、8.9m、8.2m、7.0m、5.8m。

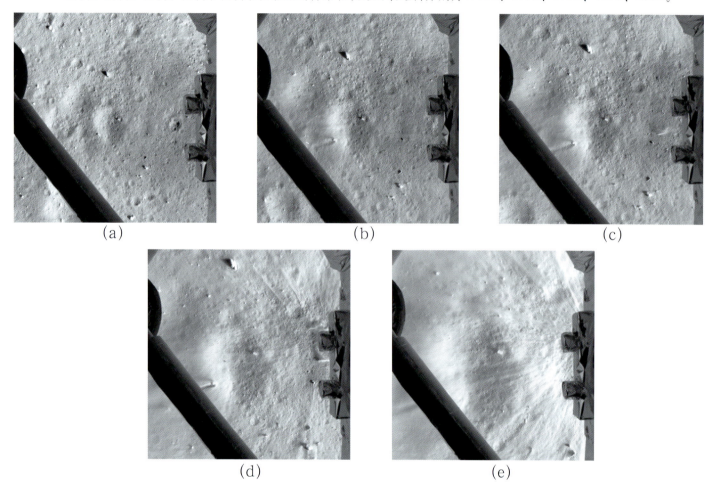

羽流通常只能影响深度 10 cm 左右的月壤颗粒（Kaydash et al，2012），这一表层深度的月壤颗粒粒径很小，并且成熟度较高。实验室和计算机模拟结果表明，粒径越小的颗粒被羽流吹动的速度越快，并且更容易被吹走（粒径 2 μm 颗粒速度大约为 1 000 m/s，粒径 200 nm 颗粒的速度大约为 2 000 m/s），在月壤颗粒被吹走的过程中，颗粒相互会发生碰而减速，落在着陆区 10 ~ 100 m 左右的距离，形成新的月表 (Berger et al，2013；Morris et al，2015)。由于表层月壤颗粒粒径较小，因此新形成的月表比较密实、光滑，粗糙度小，反射率较高。而距离着陆器越远的区域，覆盖的表层月壤颗粒变小，表面粗糙度较大，因此反射率变化幅度会逐渐减小。阿波罗号着陆器附近几米范围内的低反射率区可能是由于羽流吹走了表层月壤尘埃，导致其表面凹陷、粗糙颗粒物暴露，因而反射率降低。由于月球昼夜温差较大，加之太阳风粒子的轰击作用，"羽流扰动区"表层月壤可能会慢慢变成与周围月壤特征一样，恢复正常的反射特性，但是恢复过程较慢，时间可能会长达 40 ~ 50 年。

对于不同着陆器，其"羽流扰动区"反射率变化程度及其范围有所差别。通过分析，不同着陆器"羽流扰动区"的面积与着陆器的重量和推力成正相关关系，可能存在一定的"函数关系"，嫦娥三号也基本符合这个趋势。这样就可以估测着陆器"羽流扰动区"的范围，评估探测器着陆后月表采样范围内月壤颗粒的分布和变化。

图3-31 着陆器质量与"羽流扰动区"面积的关系（Clegg et al，2016）

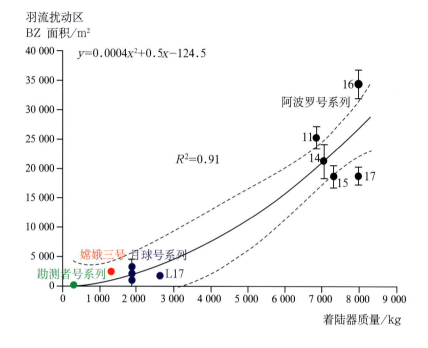

图中实线表示根据阿波罗号系列、月球号系列和勘测者号系列之间相关性按照二次拟合解算的关系曲线，虚线表示95%置信度区间，可见嫦娥三号的扰动区面积在置信度区间内。恒定着陆器质量下扰动区面积的变化，在很大程度上取决于着陆器的具体着陆参数。

表3-5 月表着陆器质量、"羽流扰动区"面积以及反射率变化情况（Clegg et al，2016）

着陆器名称	质量/kg	最大推力/kN	羽流扰动区面积/m²	着陆后I/F（30°）	着陆前I/F（30°）	I/F增大比率
嫦娥三号	1 320	7.5	2 530	0.044	0.04	10
阿波罗11号	6 853	45	25 400	0.045	0.04	12.5
阿波罗14号	7 052	45	21 340	0.066	0.059	11.9
阿波罗15号	7 320	45	18 725	0.052	0.047	10.6
阿波罗16号	7 983	45	34 480	0.1	0.093	7.5
阿波罗17号	7 987	45	18 890	0.047	0.042	11.9
阿波罗号平均	7 439	45	23 770	0.062	0.056	10.9
月球16号	1 880	18.9	3 360	0.041	0.039	5.1
月球17号	2 640	18.9	1 890	0.046	0.042	8.9
月球20号	1 880	18.9	2 170	0.081	0.076	6.6
月球23号	1 880	18.9	2 105	0.052	0.047	10.6
月球24号	1 880	18.9	990	0.052	0.047	10.6
月球号平均	2 069	18.9	2 100	0.054	0.042	8.4
勘测者号1号	295	0.46	200	0.036	0.069	12.5
勘测者号5号	300	0.46	130	0.043	0.082	13.2
勘测者号6号	300	0.46	250	0.047	0.092	9.6
勘测者号7号	301	0.46	280	0.097	0.208	3.4
勘测者号平均	300	0.46	215	0.056	0.052	9.7

I/F表示辐亮度因子，其中I是观测得到的辐亮度，F是在相同的日月距离上太阳光垂直入射到朗伯表面上所观测到的辐亮度。

3.6 着陆区地形地貌特征分析及对比研究

目前人类共 19 次成功实现了在月球表面的软着陆，除嫦娥三号外的其他各详细着陆位置见本书第 1 部分表 1-1 和图 1-1 所示。通过对国外 18 个月面软着陆区的分析，不难发现，在任务的初期着重考虑的是着陆点的可达性和安全性，一般选取的着陆点位于月海的内部，例如月球 9 号、月球 16 号、阿波罗 11 号等。在有一定的技术经验积累后，为了获取更全面的科学数据和更具挑战的认知，着陆点多选择在不易到达的高地、峡谷、山脉等地区，例如勘测者 7 号着陆点位于第谷环形坑北缘，阿波罗 14 号着陆点位于弗拉·毛罗环形坑，阿波罗 15 号着陆点位于哈德利月溪以东和亚平宁山脉以西的区域，阿波罗 16 号着陆点位于笛卡儿高地，月球 20 号着陆点位于丰富海东北部的阿波罗尼斯高地等。可见，随着对月球认知的深入和探测技术水平的提高，在确保工程技术安全的前提下，月面着陆区的位置选择逐渐趋于多样化和复杂化。

嫦娥三号任务是我国首次月面软着陆探测任务，在着陆区的选择上需要同时考虑着陆的安全性和科学目标的可实现性，最终确定为虹湾预选着陆区。以下通过玉兔号巡视器搭载的全景相机获取的影像数据，制作 DEM 和 DOM 产品，对嫦娥三号着陆区的地形地貌进行分析。

3.6.1 嫦娥三号着陆区 DEM、DOM 产品

嫦娥三号巡视器在月面共行驶约 114 m，在行驶过程中，科学载荷全景相机获取了 Y06、Y08、Y11 和 Y13 这 4 个探测区（下文中用"嫦娥三号探测区"指代）的 360° 立体影像。利用这些数据制作了 4 个探测区的 DOM 和 DEM（平面分辨率 0.01 m），如图 3-32、图 3-33、图 3-34、图 3-35 所示。图中坐标系原点为着陆器位置，横竖坐标代表到着陆器的距离。在 DOM 中，巡视器车辙清晰可辨，如图 3-36 所示。DOM 中黑色区域为立体影像中被遮挡的区域，一般位于岩块背离相机的一侧和环形坑靠近相机的一侧。

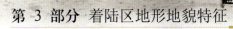

图3-32　Y06探测点

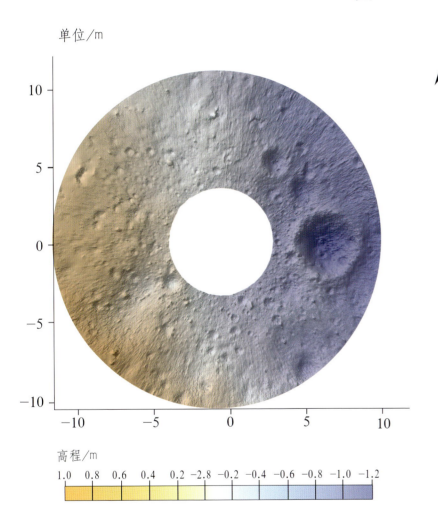

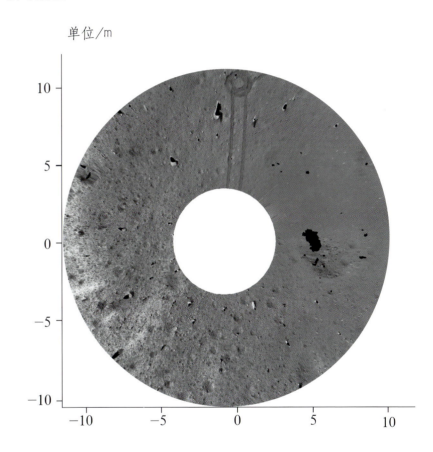

图3-33　　Y08探测点

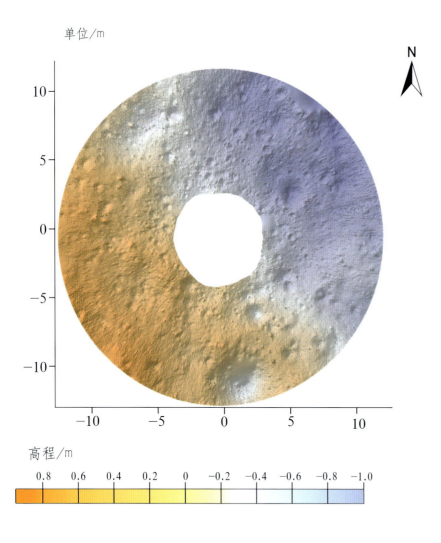

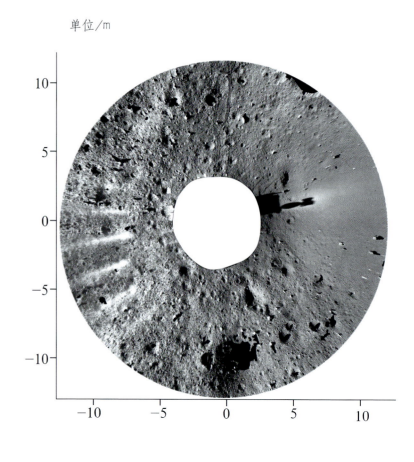

图3-34　Y11探测点

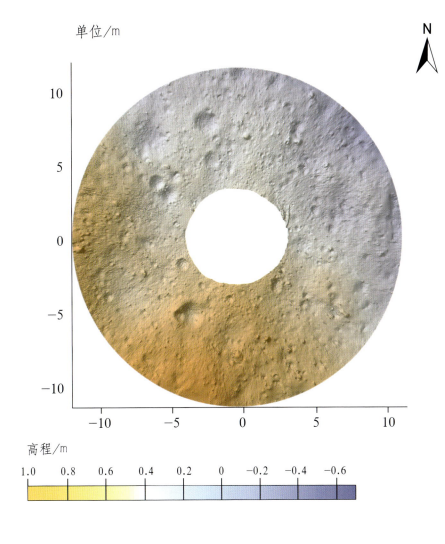

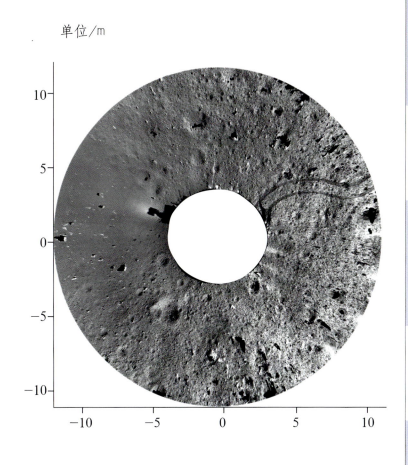

图3-35　　Y13探测点

单位/m

N

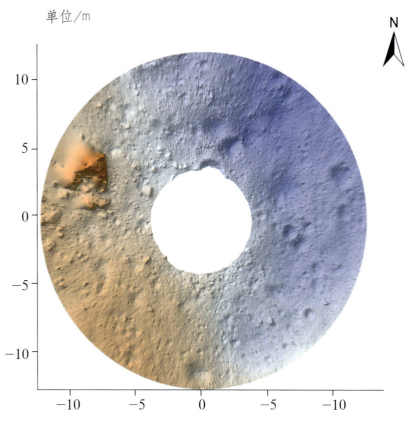

单位/m

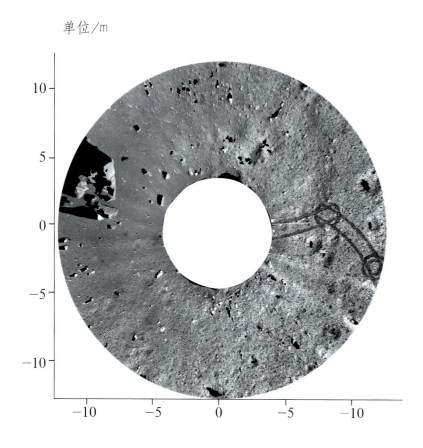

高程/m

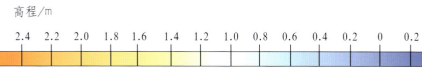

图3-36 探测点DOM局部及其对应高清影像

图(a)为Y06点DOM局部对应高清影像；图(b)为Y08点DOM局部对应高清影像；
图(c)为Y11点DOM局部对应高清影像；图(d)为Y13点DOM局部对应高清影像。

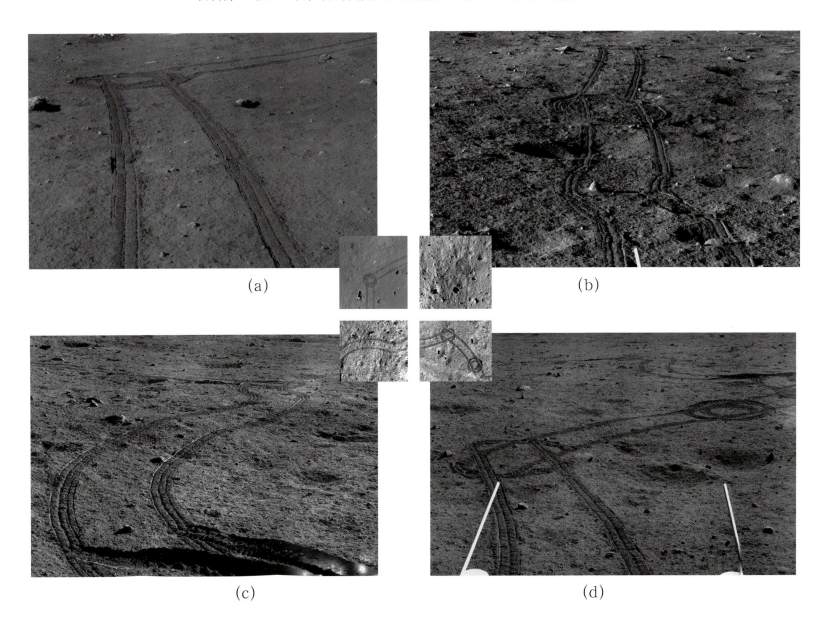

(a)　　　(b)

(c)　　　(d)

图3-37　4个探测点的DEM/DOM覆盖分布

4个探测点的 DEM 和 DOM 覆盖分布情况如图 3-37 所示，区域总面积 3 182 m²，其中红色五角星表示着陆器位置。不同探测点的 DEM 和 DOM 覆盖范围用不同的颜色圈表示，绿色曲线表示在 4 个探测点的 DEM 和 DOM 覆盖范围内可见的巡视器行驶路径。

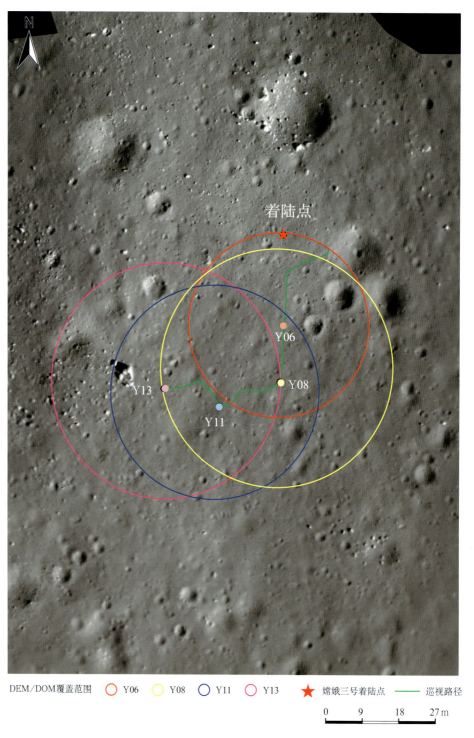

3.6.2 嫦娥三号着陆区坡度、坡向分析

对 Y06、Y08、Y11 和 Y13 这 4 个探测点分别进行了坡度和坡向分析(坡度计算方法参考式 3-4),坡度数据如表 3-6 所示,坡度和坡向分布直方图如图 3-38 和图 3-39 所示。

据统计,探测点 Y06、Y08、Y11 和 Y13 的坡度均值分别为 5.35°、4.55°、5.16°和 5.13°。由图 3-38 可见,探测点 Y06 中 55.4% 的区域坡度为 5±2.5°,坡度小于 20°的区域覆盖范围达到 98.7%;探测点 Y08 中 51.8% 的区域坡度为 5±2.5°,坡度小于 20°的区域覆盖范围达到 99.1%;探测点 Y11 中 58.8% 的区域坡度为 5±2.5°,坡度小于 20°的区域覆盖范围达到 99.1%;探测点 Y13 中 52.4% 的区域坡度为 5±2.5°,坡度小于 20°的区域覆盖范围达到 98.3%。由于玉兔号巡视器的设计爬坡能力为 20°,因此就坡度而言,玉兔号在探测范围内 98% 以上的区域具备行走能力。

在图 3-39 中,0°和 360°为正北坡向,45°为东北坡向,以此类推,90°、135°、180°、225°、270° 和 315°分别为正东、东南、正南、西南、正西和西北坡向。由图 3-39 可见,4 个探测点东北和正东坡向覆盖区域分别为 59%、58%、57% 和 45%,因此巡视器探测区域整体上呈现东北和正东坡向。

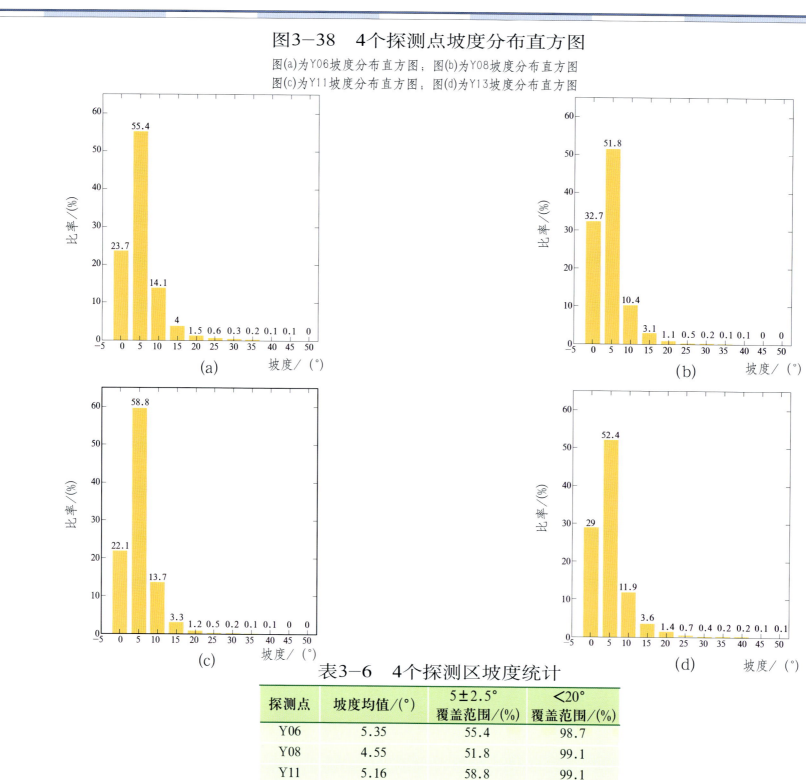

图3-38　4个探测点坡度分布直方图

图(a)为Y06坡度分布直方图；图(b)为Y08坡度分布直方图

图(c)为Y11坡度分布直方图；图(d)为Y13坡度分布直方图

表3-6　4个探测区坡度统计

探测点	坡度均值/(°)	5±2.5° 覆盖范围/(%)	<20° 覆盖范围/(%)
Y06	5.35	55.4	98.7
Y08	4.55	51.8	99.1
Y11	5.16	58.8	99.1
Y13	5.13	99.0	98.3

图3-39　4个探测区坡向分布直方图

图(a)为Y06坡向分布直方图；图(b)为Y08坡向分布直方图；
图(c)为Y11坡向分布直方图；图(d)为Y13坡向分布直方图。

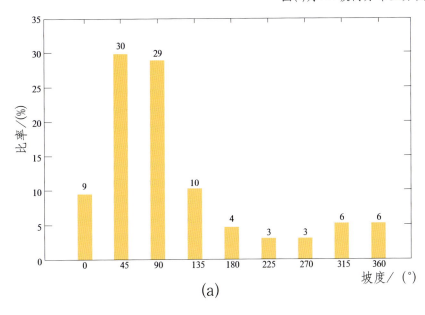

(a)

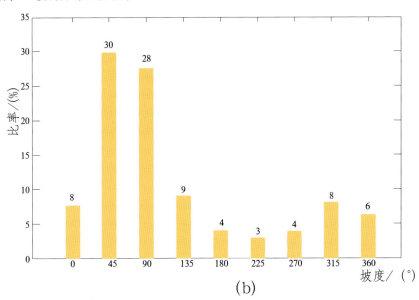

(b)

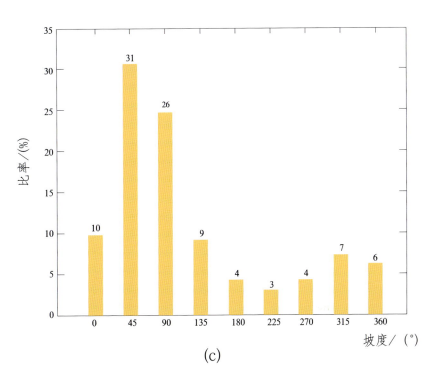

(c)

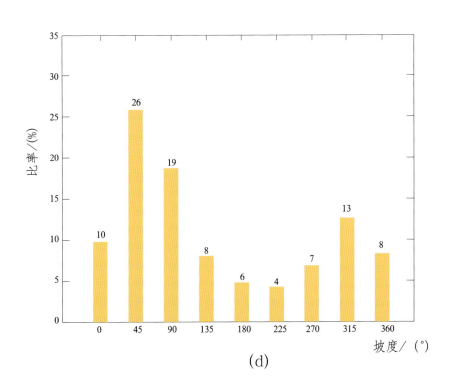

(d)

在 4 个探测区的 DEM 和 DOM 覆盖区域内，提取了巡视器行进路线的剖面线，如图 3-40 所示（高程零点为着陆器所在位置），可见的巡视器行程约为 54 m，行进过程中地势整体上呈缓慢上升趋势，起止位置的高程差约为 1.5 m。这是因为巡视器行进过程中逐渐向紫微环形坑靠近，地势是呈上升趋势的。

图3-40　巡视器行进路线高程剖面线

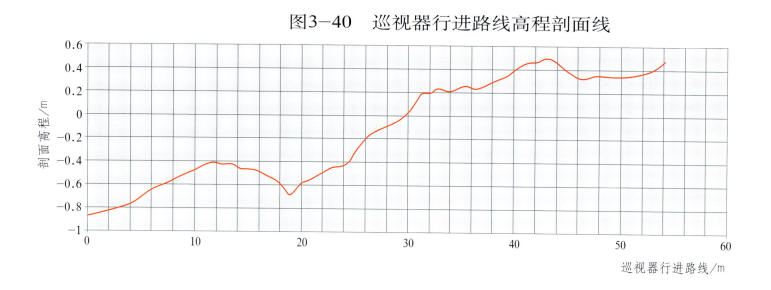

3.6.3 岩块分布分析

岩块一般分布在环形坑的边缘及内壁，由撞击作用产生。嫦娥三号着陆区内最大的岩块"外屏"（见图3-41），在Y11 和 Y13 探测区的 DOM 和 DEM 中均清晰可见。受成像距离影响，该岩块在 Y13 探测区的 DOM 和 DEM 中的平面和高程精度优于在 Y11 中的精度。在 Y13 探测区的 DOM 和 DEM 中提取的"外屏"宽度和高度，分别为 2.9 m 和 1.5 m。

图3-41 嫦娥三号探测区内最大岩块"外屏"

在4个探测点的DEM和DOM中，根据岩块的可识别性，共提取了551块岩块，其中Y06探测区56块，Y08探测区102块，Y11探测区90块，Y13探测区303块，统计了岩块的宽度 w 和高度 h。岩块宽度 w 取垂直于成像视角方向的最大值（由于在岩块背离相机的一侧存在遮挡，因此在DOM中岩块在沿成像视角方向存在较大变形），即可视宽度，岩块的平均直径取 $D=0.75\,w$（Golombek，2003）。在重叠区域，仅在相对易于识别的探测区提取岩块，不重复计数。在所提取的551块岩块中，最小宽度为0.053 m，最大宽度为"外屏"的2.9 m；最小高度为0.001 m，最大高度为"外屏"的1.5 m。从岩块数量上分析，最靠近图3-37中紫微环形坑的Y13探测区提取到的岩块数量最多，Y06探测区提取到的岩块数量最少。

按直径0.02 m的间隔，统计了岩块直径分布直方图，如图3-42所示（横坐标表示岩块直径区间，纵坐标表示位于各区间内的岩块数量），并采用下式拟合。

$$Num(D) = a\exp^{-bD} \qquad (3-5)$$

式3-5中，$Num(D)$ 为直径为 D 的岩块数量，a 和 b 为拟合系数。图3-42所示曲线的拟合系数，a 为461.45、b 为16.37，拟合精度 $R^2=0.99$。该曲线在横坐标值大于0.08 m的范围内具有良好的拟合结果，在小于0.08 m的范围内拟合效果不佳。原因可能是直径过小，可提取的直径小于0.08 m的岩块数量远小于其实际数量。

对单位面积（m²）内岩块累计数量和累计覆盖面积进行了统计，如图3-43和图3-45所示。并按式3-6和式3-7进行拟合。

$$N(D) = L\exp^{-sD} \qquad (3-6)$$

$$F(D) = k\exp^{-qD} \qquad (3-7)$$

$N(D)$ 为单位面积（m²）内直径等于和大于 D 的岩块的总数量，$F(D)$ 为单位面积（m²）内直径等于和大于 D 的岩块的总覆盖面积。图3-43所示曲线的拟合系数 L 为0.37、s 为14.03，拟合精度 $R^2=0.99$。该曲线在横坐标值小于0.2 m的范围内具有良好的拟合结果。同时，将嫦娥三号着陆区岩块累计分布情况与阿波罗16号着陆区岩块分布情况作对比，结果如图3-44所示，图中测站4、5、6分别为阿波罗16号巡视器行进过程中的3个探测区。由图3-44可见，整体上，嫦娥三号着陆区的岩块累计数量小于阿波罗16号着陆区的。图3-45所示岩块累计覆盖面积曲线的拟合系数 k 为0.005，q 为2.193，拟合精度 $R^2=0.99$。同样该曲线在横坐标值小于0.2 m的范围内具有良好的拟合结果。玉兔号巡视器的越障能力为0.2 m。根据以上拟合结果计算，在探测区域单位面积内，直径大于0.2 m的岩块的累计数量为0.022个，累计覆盖面积为0.003 m²。在提取的551块岩块中，包括"外屏"及其周边岩块在内，仅5块岩块的高度超过了0.2 m，且这些岩块的直径均超过0.2 m。因此以上对直径超过0.2 m的岩块的数量和覆盖面积的分析中包含了高度超过0.2 m的岩块。

按间隔0.1 m统计了岩块高度与直径之比（h/D）分布直方图，如图3-46所示，可见 h/D 主要分布在小于0.5的范围内，占88.7%。经计算，h/D 的均值为0.26。将嫦娥三号探测区 h/D 与月球自动车1、2号和阿波罗11-17号探测区对比，如表3-7所示。可见，以上结果与利用嫦娥三号导航相机影像探测的岩块 h/D 分析结果接近（Di et al，2016），但是低于月球自动车1、2号和阿波罗11-17号探测区岩块的 h/D。这在一定程度上说明嫦娥三号探测区的岩块相对于月球自动车1、2号和阿波罗11-17号探测区的岩块更加低矮。

图3-42 岩块直径分布

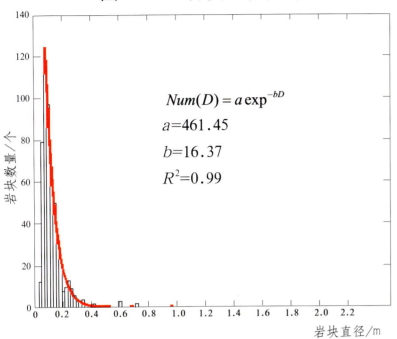

$$Num(D) = a\exp^{-bD}$$
$a=461.45$
$b=16.37$
$R^2=0.99$

图3-43 岩块累计数量分布

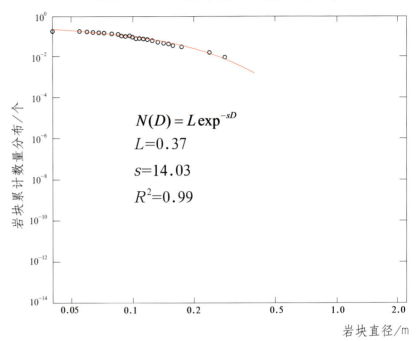

$$N(D) = L\exp^{-sD}$$
$L=0.37$
$s=14.03$
$R^2=0.99$

图3-44 嫦娥三号和阿波罗16号着陆区岩块累计数量分布对比

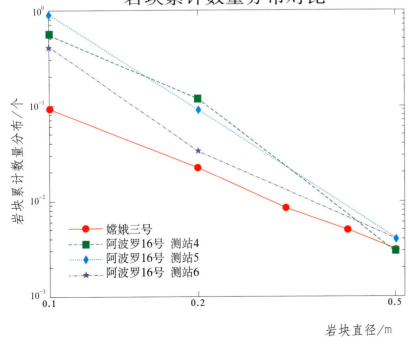

嫦娥三号
阿波罗16号 测站4
阿波罗16号 测站5
阿波罗16号 测站6

图3-45 岩块累计覆盖面积分布

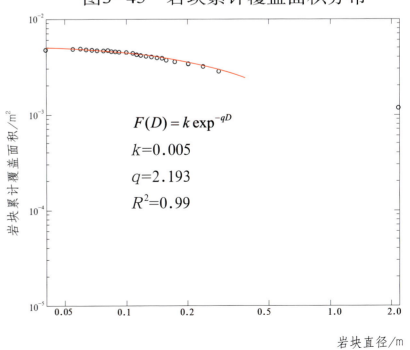

$$F(D) = k\exp^{-qD}$$
$k=0.005$
$q=2.193$
$R^2=0.99$

图3-46 岩块高度与直径之比的统计

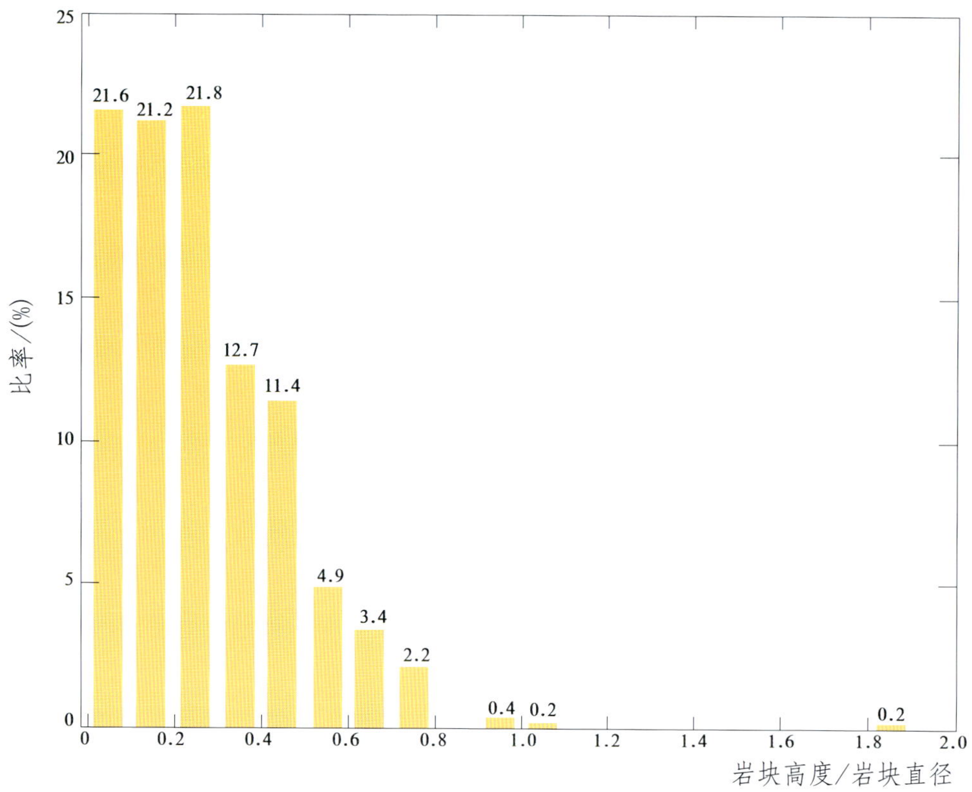

表3-7 嫦娥三号、月球车1-2号和阿波罗11-17号探测区岩块高度与直径的比值对比

	月球车-1[1]	月球车-2[1]	阿波罗-11[1]	阿波罗-12[1]	阿波罗-14[1]	阿波罗-15[1]	阿波罗-16[1]	阿波罗-17[1]	嫦娥三号[2]	嫦娥三号
月岩数量	108	116	45	34	38	34	35	35	582	551
h/D均值	0.64	0.60	0.59	0.57	0.54	0.58	0.63	0.52	0.31	0.26

注:
1 引自文献 Demidov et al,2014;
2 引自文献 Di et al, 2016。

3.6.4 环形坑识别与分析

根据环形坑在 DOM 中的可识别性，在 4 个探测区共提取了 190 个环形坑，其中 Y06 探测区 60 个，Y08 探测区 67 个，Y11 探测区 45 个，Y13 探测区 18 个，并统计了环形坑的直径 D 和深度 h。在重叠区域，仅在易于识别的探测区提取环形坑，不重复计数。在提取的 190 个环形坑中，最小直径 0.19 m，最大直径 6.67 m；最小深度 0.004 m，最大深度 0.67 m。

根据环形坑的形态学显著程度（Basilevsky et al, 2015），小型月面环形坑分为三个大类（A、B、C），及两个中间类（AB、BC），如表 3-8 所示。其中 A 类为新成坑，C 类为严重退化坑。

根据以上分类依据，对在嫦娥三号探测区内提取的环形坑进行了统计，如表 3-9 所示。可见嫦娥三号探测区内主要为 C 类环形坑。

表3-8　小型月面环形坑分类

环形坑类别	h/D	最大坡度/（°）	在小型环形坑中的分布比率/（%）
A	1/3~1/5	35~45	0.5~1
AB	1/5~1/7	25~35	2~3
B	1/7~1/10	15~25	15~20
BC	1/10~1/12	10~15	<30
C	<1/12	<10	<50

表3-9　嫦娥三号探测区环形坑分类统计

环形坑类别	环形坑数量/个	环形坑分类占比/（%）
A	0	0
AB	4	2
B	27	14
BC	20	11
C	139	73

按直径 0.1 m 的间隔，统计了环形坑直径分布直方图（横坐标表示环形坑直径区间，纵坐标为位于各区间内的环形坑数量），如图 3-47 所示，采用式 3-5 进行拟合，拟合系数 a=58.32、b=1.71，拟合精度 R^2=0.95。该曲线在横坐标值大于 0.5 m 的范围内具有良好的拟合结果。

对单位面积（m^2）内环形坑累计数量和累计覆盖面积进行了统计，并按式 3-6 和式 3-7 进行拟合，如图 3-48、图 3-49 所示。图 3-48 拟合系数为 L=0.091、s=1.487，拟合精度 R^2=0.99。图 3-49 拟合系数为 k=0.090、q=0.315，拟合精度 R^2=0.99。玉兔号巡视器的越障能力为 0.2 m，在提取的 190 个环形坑中，共 8 个环形坑的深度大于 0.2 m，其中 5 个为 B 类坑，3 个为 C 类坑，这些环形坑的最小直径为 1.7 m。此外，玉兔号巡视器车体长 1.5 m，宽 1 m。在其行驶过程中为避免车体倾斜，应尽量绕开直径大于 1.5 m 的环形坑。综合考虑以上两点因素，设定环形坑的直径小于 1.5 m 为玉兔号行走的安全条件。按拟合结果计算，每平方米范围内直径大于 1.5 m 的环形坑数量为 0.01 个，每平方米范围内直径大于 1.5 m 的环形坑的覆盖面积为 0.056 m^2。

综合考虑岩块和环形坑分布情况，嫦娥三号探测区每平方米范围内约 94% 的区域为无障碍区域（包括平坦区域、直径小于 1.5 m 的环形坑和直径小于 0.2 m 的岩块）。因此在探测区内玉兔号可安全通行，适合开展各项探测活动。

图3-47　环形坑直径分布

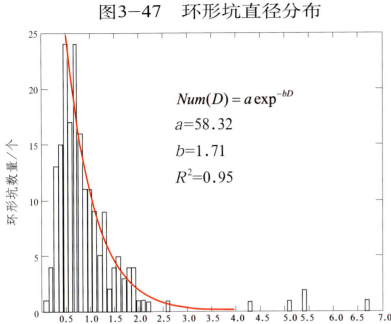

$$Num(D) = a\exp^{-bD}$$
$a=58.32$
$b=1.71$
$R^2=0.95$

环形坑直径/m

图3-48　环形坑累计数量分布

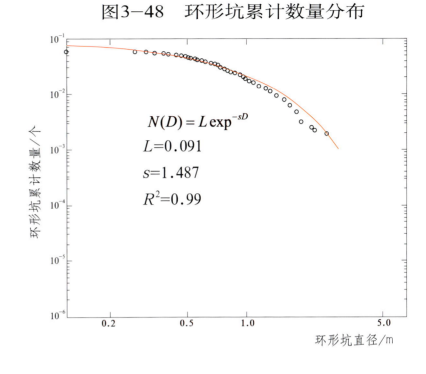

$$N(D) = L\exp^{-sD}$$
$L=0.091$
$s=1.487$
$R^2=0.99$

环形坑直径/m

图3-49　环形坑累计覆盖面积分布

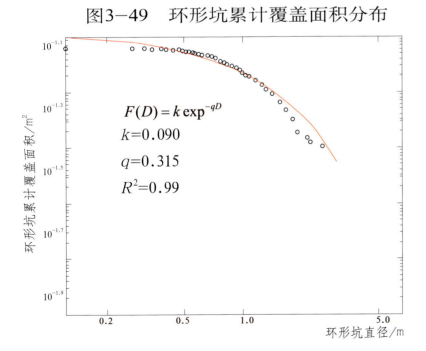

$$F(D) = k\exp^{-qD}$$
$k=0.090$
$q=0.315$
$R^2=0.99$

环形坑直径/m

参考文献

Basilevsky A T, Abdrakhimov A M, Head J W, et al. Geologic Characteristics of the Luna 17/Lunokhod 1 and Chang'E-3/Yutu Landing Sites, Northwest Mare Imbrium of the Moon[J]. Planetary & Space Science, 2015, 117: 385-400.

Berger K J, Anand A, Metzger P T, et al. Role of Collisions in Erosion of Regolith During a Lunar Landing[J]. Physical Review E Statistical Nonlinear & Soft Matter Physics, 2013, 87(2): 652-670.

Bianco S, Gasparini F, Russo A, et al. A New Method for RGB to XYZ Transformation Based on Pattern Search Optimization[J].IEEE Transactions on Consumer Electronics, 2007, 53(3): 1020-1028.

Burrough P A, Mcdonnell R A. Principle of Geographic Information Systems[J]. Oxford University Press, 1998, 12(1): 102-102.

Clegg R N, Jolliff B L, Robinson M S, et al. Effects of Rocket Exhaust on Lunar Soil Reflectance Properties[J]. Icarus, 2014, 227: 176-194.

Clegg R N, Jolliff B L, Boyd A, et al. Photometric Characterization of the Chang'E-3 Landing Site Using LROC NAC Images[J]. Icarus, 2016, 273(5): 84-95.

Cour-Palais B G. NASA Space Vehicle Design Criteria-Environment. Meteorid Environment Model - 1969 /Near Earth to Lunar Surface[R], NASA, 1969.

Costes N C. In NASA Technical Memo,Marshall Space Flight Center, Huntsville, Alabama[R], NASA,1969:Vol.411.

Demidov N E, Basilevsky A T. Height-to-Diameter Ratios of Moon Rocks from Analysis of Lunokhod-1, and -2, and Apollo 11-17, Panoramas and LROC NAC Images[J]. Solar System Research, 2014, 48(5): 324-329.

Di K, Xu B, Peng M, et al. Rock Size-Frequency Distribution Analysis at the Chang'E-3 Landing Site[J]. Planetary & Space Science, 2016, 120: 103-112.

Fortezzo C M, Hare T M. Completed Digital Renovation of the 1 5 000 000 Lunar Geologic Map Series[C]// Lunar and Planetary Science Conference, Texas, LPI and NASA, 2013: 2114.

Golombek M P, Haldemann A F C, Forsberg-Aylor N K, et al. Rock Size Frequency Distributions on Mars and Implications for Mars Exploration Rover Landing Safety and Operations[J]. Journal of Geophysical Research Planets, 2003, 108(E12): 8086.

Haeghen Y V, Naeyaert J M A D, Lemahieu I, et al. An Imaging System with Calibrated Color Image Acquisition for Use in Dermatology[J]. IEEE Transactions on Medical Imaging, 2000, 19(7): 722-30.

Jackman P, Sun D W, Elmasry G. Robust Color Calibration of an Imaging System Using a Color Space Transform and Advanced Regression Modeling[J]. Meat Science, 2012, 91(4): 402.

Kaydash V G, Shkuratov Y G. Structural Disturbances of the Lunar Surface Caused by Spacecraft[J]. Solar System Research, 2012, 46(2): 108-118.

Li C L, Mu L L, Zou X D, et al. Analysis of the Geomorphology Surrounding the Chang'E-3 Landing Site[J]. Research in Astronomy and Astrophysics, 2014, 14(12): 1514-1529.

Li X. Demosaicing by Successive Approximation[J]. IEEE

Trans Image Process, 2005, 14(3): 370-379.

Li X. A Color Error Correction Mode for Digital Camera Based on Polynomial Curve Generation[C]// Isecs International Colloquium on Computing, Communication, Control, and Management. Washington, IEEE Computer Society, 2008: 458-461.

Liu J J, Yan W, Li C L, et al. Reconstructing the Landing Trajectory of the Chang'E-3 Lunar Probe by Using Images from the Landing Camera[J]. Research in Astronomy and Astrophysics, 2014, 14(12): 1530-1542.

Ling Z C, Zhang J, Liu J Z, et al. Lunar Iron and Titanium Distributions for LQ-4 Region[C]//Lunar and Planetary Science Conference, Texas, LPI and NASA, 2013: 2992.

Michael G G. Planetary Surface Dating from Crater Size-Frequency Distribution Measurements: Differential Presentation of Data for Resurfaced Units[C] //Lunar and Planetary Science Conference, Texas, LPI and NASA, 2013: 2181.

Morris A B, Goldstein D B, Varghese P L, et al. Approach for Modeling Rocket Plume Impingement and Dust Dispersal on the Moon[J]. Journal of Spacecraft & Rockets, 2015, 52: 1-13.

Sharma, Gaurav, and Bala R. Digital Color Imaging Handbook[J]. Journal of Molecular Biology, 2002, 33(1): 109-22.

Valous N A, Mendoza F, Sun D W, et al. Color Calibration of a Laboratory Computer Vision System for Quality Evaluation of Pre-Sliced Hams[J]. Meat Science, 2009, 81(1): 132-141.

Weerasinghe C, Li W, Kharitonenko I, et al. Novel Color Processing Architecture for Digital Cameras with CMOS Image Sensors[J]. IEEE Transactions on Consumer Electronics, 2005, 51(4): 1092-1098.

Wilhelms D E, McCauley J F. Geologic Map of the Near Side of the Moon: U. S. Geological Survey Miscellaneous Geological Investigations Map I-703[R], USGS, 1971.

GB/T 3978-2008 标准照明体和几何条件

GB/T 3977-2008 颜色的表示方法

GB/T 7921-2008 均匀色空间和色差公式

CIE S 014-2/E: 2006/ISO 10526: 2007(E), CIE Standard Colorimetric Observers

图书在版编目（CIP）数据

嫦娥三号着陆区地形地貌 ／ 李春来等著．-- 北京 ：
测绘出版社，2018.3
ISBN 978-7-5030-4095-5

Ⅰ．①嫦… Ⅱ．①李… Ⅲ．①月球探测器－着陆地点
－地形②月球探测器－着陆地点－地貌 Ⅳ．① V476.3
② P931

中国版本图书馆 CIP 数据核字（2018）第 016808 号

责任编辑	左 伟 许勤宇	
编　辑	纪 勇 周 清	
审　校	李云翔	
复　审	万 波	
装帧设计	徐海燕	
排版编辑	王晓艳	
出版审订	杨幼根	

嫦娥三号着陆区地形地貌

出版发行	测绘出版社			
社　址	北京市西城区三里河路 50 号	邮　编	100045
电　话	010-68531293	网　址	www.chinasmp.com
印　刷	中国人民解放军第 1206 工厂	经　销	新华书店
成品规格	280mm×250mm	印　张	12.5
版　次	2018 年 9 月第 1 版	印　次	2018 年 9 月第 1 次印刷
印　数	0001-1000		
书　号	ISBN 978-7-5030-4095-5		
定　价	298.00 元		